普通高等教育机器人工程系列教材

机器视觉项目实战

甘树坤　郑惠江　兰虎　主编

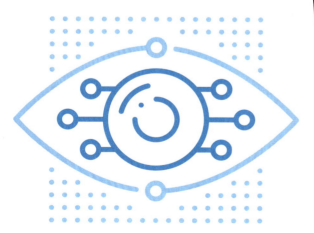

化学工业出版社

·北京·

内容简介

本书是机器视觉理实一体化教学的配套实践教材，主要面向新型工业化时期智能及高端装备制造领域，结合新工科复合型专业技术人才综合能力培养的教学诉求，并融入作者十余载对机器视觉工程应用的实践总结及教学经验。

全书共九个实验，遵循阐释机器视觉系统关键共性技术的思路，囊括视觉识别、测量、检测和导引等典型应用场景以及成像、处理和理解三大机器视觉领域，包含图像采集、二维码识别、长度测量、面积测量、颜色检测、缺陷检测、有无动态检测、机器人自适应上下料和机器视觉综合实验等内容。各实验通过"实验目的""实验原理""实验内容及流程""实验仪器及材料""实验步骤""实验小结""拓展实验"等实践教学环节设计，促进学生在机器视觉领域的素养提升、知识运用和能力训练。

本书内容丰富、结构清晰、形式新颖、术语规范，既适合作为普通高等本科院校机械类、电子信息类、自动化类等与智能制造密切相关专业的实践教材，还可供行业、企业及机器人联盟和培训机构的相关技术人员参考。

图书在版编目（CIP）数据

机器视觉项目实战 / 甘树坤，郑惠江，兰虎主编.
北京 ： 化学工业出版社，2025．2．--（普通高等教育机器人工程系列教材）．-- ISBN 978-7-122-46858-1

Ⅰ．TP302.7

中国国家版本馆CIP数据核字第20248MA236号

责任编辑：于成成　李军亮
责任校对：宋　玮
装帧设计：王晓宇

出版发行：化学工业出版社
　　　　　（北京市东城区青年湖南街 13 号　邮政编码 100011）
印　　装：中煤（北京）印务有限公司
787mm×1092mm　1/16　印张 7¼　字数 160 千字
2025 年 2 月北京第 1 版第 1 次印刷

购书咨询：010-64518888　　　　　售后服务：010-64518899
网　　址：http://www.cip.com.cn
凡购买本书，如有缺损质量问题，本社销售中心负责调换。

定　　价：39.00元　　　　　　　　版权所有　违者必究

《机器视觉项目实战》编写人员

主　编　甘树坤　郑惠江　兰　虎

副主编　朱　瑞　王　飞　祝洲杰　潘　丽

参　编　马　斌　何伟峰　李泽薪　张　尧

主　审　温建明

前言

党的二十大报告指出，"教育、科技、人才是全面建设社会主义现代化国家的基础性、战略性支撑""要坚持教育优先发展、科技自立自强、人才引领驱动，加快建设教育强国、科技强国、人才强国"。科技创新引领发展，在推动经济高质量发展的过程中，急需源源不断的卓越工程师提供新质生产力的人力资源和智力支持。本书紧密结合当前科技革命和产业变革的浪潮，特别关注机器视觉技术的迅猛进步及其深远影响，通过精心设计的知识模块、以项目任务为导向的教学方法以及数字资源的有效整合，旨在推动机器视觉领域教育的创新发展，提高智能及高端装备相关人才的自主培养质量，从而为战略性新兴产业的快速发展提供有力的人才保障。

当前，机器视觉作为现代工业中把人、数据和机器连接起来的重要一环，是工业转型的重要技术，为制造业带来生产周期、质量和效率的同步改善。全球机器视觉市场规模的不断扩大，对于能够根据具体应用场景设计并实施机器视觉解决方案的人才和具有专业知识、实践经验和创新能力的人才需求十分迫切。

在此背景下，全国高校围绕"四新"建设改革如火如荼。据教育部官网，2015~2023年全国已有342所高校成功申报"机器人工程"专业，2017~2023年全国已有304所高校成功申报"智能制造工程"专业。"机器视觉"是机器人工程和智能制造工程专业的主干课程之一，其课程教材是人才培养关键环节和核心要素。基于此，针对现有同类教材理实衔接不足、体例结构陈旧、呈现形式单一等现象，我们组织编写了本教材。

本书特点如下：

① 编排理念理实一体化　遵循实际应用场景，以学习过程为中心，为书中每个实验场景设置"实验目的""实验内容及流程""实验步骤"等多项互动教学环节，致力于构建更便捷的从理论到实际的桥梁，缩短两者之间的跨度，让理论和实际相互渗透、相互促进。"实验目的"，明确实验的目的和预期效果，帮助学生理解实验的重要性和实际应用，激发学生的兴趣；"实验原理"，帮助学生建立理论知识与实践操作之间的联系，增强学生对概念的理解和应用能力；"实验内容及流程"，将实验要进行的内容及流程列出，通过结构化的学习帮助学生更好地掌握实验内容；"实验器材及材料"，指导学生选择合适的实验器材和材料，确保实验顺利进行；"实验步骤"，提供了详细的实验步骤，指导学生亲自动手，通过实践来验证理论知识，这种"做中学"的方式对于掌握科学方法和技能至关重要；"实验小结"，帮助学生反思实验过程中的问题和成功之处，促进学生的批判性思维和

自我评估能力的发展;"拓展实验",设置开放性问题或任务,激发学生的创新思维和探索精神。

② 内容架构场景化 在实验内容设计上,将每个实验设计为实际农业／工业中的应用,这种场景化的教学贴近实际工作和生活,学生不仅能够学习机器视觉的理论和技术,还可深入理解这些技术如何在不同行业场景中得到应用,从而为将来在相关领域的工作打下坚实的基础。

③ 内容讲解通俗化 本书以通俗易懂的语言,详细阐述了各实验步骤,不仅帮助学生了解操作方法(知其然),更深入解释背后的原理(知其所以然),从而使得学生更好地掌握实际操作技能。

本书由吉林化工学院甘树坤、天津大学郑惠江和浙江师范大学兰虎任主编,浙江师范大学温建明担任主审。实验 1 由甘树坤编写,实验 2 由郑惠江编写,实验 3 由兰虎编写,实验 4 由上海电力大学朱瑞编写,实验 5 由浙江广厦建设职业技术大学王飞编写,实验 6 由浙江机电职业技术大学祝洲杰编写,实验 7 由兰州职业技术学院潘丽编写,实验 8 由重庆工商大学马斌编写,实验 9 由东莞理工学院何伟峰、北京启创远景科技有限公司张尧和宁波创非凡工程技术研究有限公司李泽薪共同编写。全书由兰虎统稿。

从目标决策、体系构建、内容重构、教学设计、案例遴选、形式呈现、合同签订、定稿出版,本书的开发工作历时两年之久,衷心感谢参与本书编写的所有同仁的呕心付出!特别感谢中国高等教育学会高等教育科学研究规划课题(24CX0102)、江西省高等学校教学改革研究课题(JXJG-22-20-9)、广东省智能制造实验教学示范中心项目、北京启创远景科技有限公司等给予的经费支持!感谢宁波创非凡工程技术研究有限公司、金华慧研科技有限公司等给予的教材资源支持!

由于编者水平有限,书中难免有不足之处,恳请读者批评指正,可将意见和建议反馈至 E-mail:lanhu@zjnu.edu.cn。

编者

目录

实验 1　图像采集 ··· **001**
　　一、实验目的 ··· 001
　　二、实验原理 ··· 002
　　三、实验内容及流程 ··· 002
　　四、实验仪器及材料 ··· 003
　　五、实验步骤 ··· 003
　　六、实验小结 ··· 008
　　七、拓展实验 ··· 008
　　八、实验报告 ··· 009

实验 2　二维码识别 ··· **011**
　　一、实验目的 ··· 011
　　二、实验原理 ··· 012
　　三、实验内容及流程 ··· 012
　　四、实验仪器及材料 ··· 013
　　五、实验步骤 ··· 013
　　六、实验小结 ··· 019
　　七、拓展实验 ··· 019
　　八、实验报告 ··· 021

实验 3　长度测量 ··· **023**
　　一、实验目的 ··· 023
　　二、实验原理 ··· 024
　　三、实验内容及流程 ··· 024
　　四、实验仪器及材料 ··· 024
　　五、实验步骤 ··· 026
　　六、实验小结 ··· 035
　　七、拓展实验 ··· 035
　　八、实验报告 ··· 037

实验 4　面积测量 ·· 039
一、实验目的 ·· 039
二、实验原理 ·· 040
三、实验内容及流程 ·· 041
四、实验仪器及材料 ·· 041
五、实验步骤 ·· 042
六、实验小结 ·· 049
七、拓展实验 ·· 049
八、实验报告 ·· 051

实验 5　颜色检测 ·· 053
一、实验目的 ·· 053
二、实验原理 ·· 054
三、实验内容及流程 ·· 055
四、实验仪器及材料 ·· 057
五、实验步骤 ·· 057
六、实验小结 ·· 062
七、拓展实验 ·· 062
八、实验报告 ·· 063

实验 6　缺陷检测 ·· 065
一、实验目的 ·· 065
二、实验原理 ·· 066
三、实验内容及流程 ·· 067
四、实验仪器及材料 ·· 068
五、实验步骤 ·· 068
六、实验小结 ·· 076
七、拓展实验 ·· 077
八、实验报告 ·· 079

实验 7　有无动态检测 ·· 081
一、实验目的 ·· 081
二、实验原理 ·· 082
三、实验内容及流程 ·· 082
四、实验仪器及材料 ·· 082

五、实验步骤 ·· 083

六、实验小结 ·· 085

七、拓展实验 ·· 085

八、实验报告 ·· 087

实验 8　机器人自适应上下料 ··· 089

一、实验目的 ·· 089

二、实验原理 ·· 090

三、实验内容及流程 ·· 091

四、实验仪器及材料 ·· 091

五、实验步骤 ·· 092

六、实验小结 ·· 098

七、拓展实验 ·· 098

八、实验报告 ·· 099

实验 9　机器视觉综合实验 ·· 101

一、实验目的 ·· 101

二、实验原理 ·· 101

三、实验内容及流程 ·· 102

四、实验仪器及材料 ·· 103

五、实验步骤 ·· 103

六、实验小结 ·· 105

七、实验报告 ·· 107

实验 1

图像采集

图像检测技术在现代科学研究和工业、农业等众多领域中具有广泛的应用。其通过对待测物料的图像进行分析和处理，可以实现物体识别、目标定位、缺陷检测等多种任务。图像检测的第一步是图像采集，在本实验中，将重点探索相机的操作与应用，学习掌握图像采集的基本技能。通过打开相机，获取实时的图像，并将其用于后续的图像处理和分析。

本实验的目的是熟悉实验设备的使用，包括如何正确打开和配置相机，以及如何进行图像的拍摄和保存。这将为后续的图像处理和分析提供必要的数据基础，并为进一步研究奠定坚实的基础。

一、实验目的

（1）素养提升

① 通过对图像采集实验的实践学习，了解该领域发展现状，提升学生专业实践能力，增强学生对专业知识的学习动力。

② 通过对图像采集实验的学习，开拓视野，使学生对机器视觉的实际案例形成初步认识，领悟机器视觉发展在中国工业发展中的作用。

（2）知识运用

① 能够辨识视觉系统的组成部分。
② 能够阐述关键函数的参数和原理。
③ 能够灵活使用多功能视觉识别平台，实现照片的保存与显示。

（3）能力训练

① 能够完成视觉系统的硬件搭建。
② 能够在实验内容及步骤的指导下，独立完成操作，并能够进行实验调整与改进。
③ 理解并掌握针对不同的场景调节相机的对焦、曝光、光照强度等。

二、实验原理

图像采集基于光学传感器的原理。光学传感器是一种能够将光信号转换为电信号的器件，常用的光学传感器包括像素化传感器 [如 CCD（Charge-coupled Device）和 CMOS（Complementary Metal-Oxide-Semiconductor）传感器] 和光电二极管等。

在使用相机进行图像采集时，相机的镜头会将光线聚焦在光学传感器上，使光散射的光子落在相应的像素上。传感器中的像素会将感知到的光信号转化为电信号，进而经过模数转换，保存成数字图像文件。通过这个过程，可以实现对待测物料的图像采集。采集到的图像数据可以用于后续的图像处理和分析，如目标检测、图像识别、缺陷检测等。CCD 传感器和 CMOS 传感器是两种常见的光学传感器，它们在图像采集中扮演着重要角色，分别如图 1-1 和图 1-2 所示。

图 1-1　CCD 传感器

图 1-2　CMOS 传感器

三、实验内容及流程

在本实验中，将使用相机来拍摄待测物体的图像，并将这些图像保存起来存入文件夹制成相册。首先确保相机功能正常，准备好待测物体，连接好相机和计算机并通过程序启动相机。然后调节相机的必要参数，如分辨率、白平衡、对焦等，以确保获得清晰图像。

最后按下"s"完成拍摄，保存理想图像，按下"q"键退出程序。实验流程如图 1-3 所示。

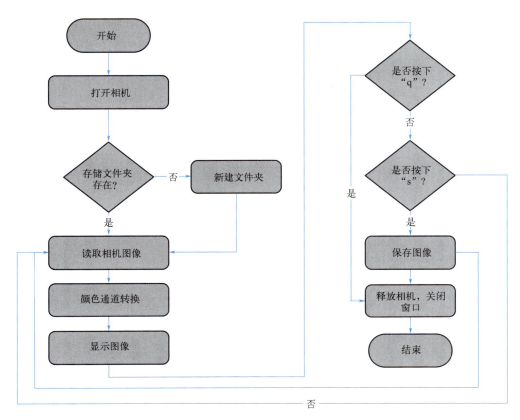

图 1-3　果蔬信息录入

四、实验仪器及材料

根据上述实验内容，本实验所用的主要实验设备与物料清单见表 1-1。

表 1-1　实验仪器及材料

设备/物料	设备/物料示例	设备数量
视觉检测平台	QC-9KT	1 台
果蔬	橘子	若干

五、实验步骤

（1）硬件搭建

① 主机与显示器连接，如图 1-4 所示。

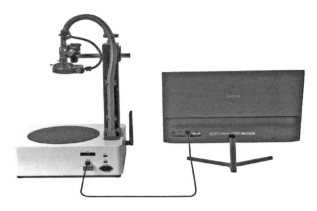

图 1-4　主机与显示器连接

② 将无线鼠标与键盘连接至主机，如图 1-5 所示。

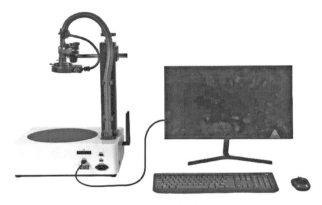

图 1-5　鼠标与键盘接入

③ 电源线连接，如图 1-6 所示。

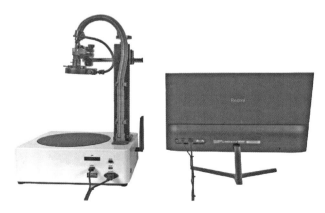

图 1-6　电源线连接

④ 开启电源键，如图 1-7 所示。

（2）获取相机图像

① 主机启动后，在 Ubuntu 系统下，通过点击鼠标右键，点击"Open in Terminal" 开启终端，如图 1-8 所示。

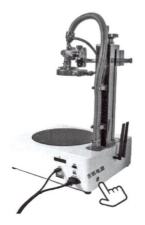

图 1-7　开启电源键　　　　　　　　　图 1-8　启动终端

② 在终端输入"jupyter lab"，系统便会在默认浏览器中自动启动 jupyter lab，具体操作如图 1-9 所示。

图 1-9　启动"jupyter lab"

③ Jupyter lab 在浏览器中启动后的界面如图 1-10 所示。点击 Notebook 下方框体 1 中的 python3（ipykernel）便可新建一个对应的程序文件，具体如图 1-11 所示。

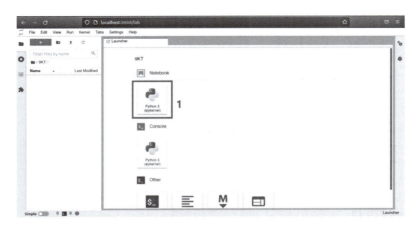

图 1-10　"jupyter lab"启动界面

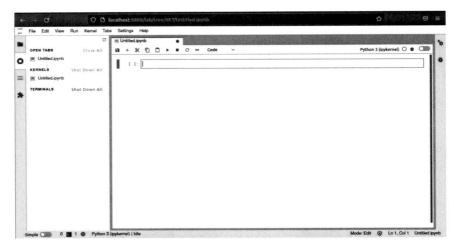

图 1-11　程序文件新建

④ 图 1-12 为实验场景示意。新建文件，输入获取和保存图像的程序，点击运行程序按钮，可以看到弹出一个图像展示窗口如图 1-13 所示，该窗口展示的图像即为将要保存的图像，一边观察窗口一边调节相机参数和环境光源，直至获取到清晰可观的图像。按下"s"键保存图像，按下"q"键退出程序。具体实验程序如下：

```python
# 导入必要库
import cv2 as cv
from jetcam.daheng_camera import DHCamera
import time
import os
# 创建大恒相机对象
camera = DHCamera(capture_device=1, gain=0.0, exposure_time=50000,
                  balance_white={'RED': 1.55, 'GREEN': 1.0, 'BLUE': 1.44})
# 查看图像保存的文件夹，没有则新建
img_file = "./images/"
if not os.path.exists(img_file):
    os.makedirs(img_file)
while True:
    # 读取一帧图像
    img = camera.read()
    if img is None:
        continue
    # 图像颜色通道转换
    img = cv.cvtColor(img, cv.COLOR_RGB2BGR)
    # 显示图像
    cv.imshow("image1", img)
    key_num = cv.waitKey(20)
    # 按"q"退出，按"s"保存
    if key_num == ord("q"):
```

```
            break
        elif key_num == ord("s"):
            # 保存图像
            file_name = time.strftime(
                "%m%d%H%M%S", time.localtime())    # 用系统时间作为文件名
            cv.imwrite(img_file + file_name + ".bmp", img)
# 释放相机
camera.release()
# 关闭所有窗口
cv.destroyAllWindows()
```

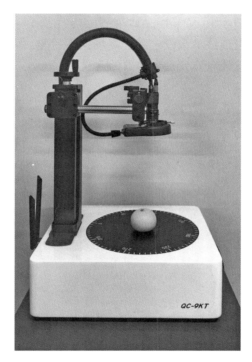

图 1-12　实验场景

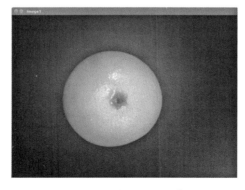

图 1-13　获取相机图像

六、实验小结

本实验通过拍摄图像并制成相册的方式，成功记录并展示了待测物体的各个特征和角度。实验方法简单、直观且具有一定的可行性，便于后续更深入地观察和分析，且为更多的应用场景和进一步的图像检测提供基础。

七、拓展实验

在获取和保存图像实验中，创建相机对象的程序语句为"camera = DHCamera(capture_device=1, gain=0.0, exposure_time=50000, balance_white={'RED': 1.55, 'GREEN': 1.0, 'BLUE': 1.44})"，该语句给定了可供参考的参数，实验过程中若发现该参数设定和实际场景不适配，可根据实际场景更改。或实验顺利结束后，亦可更改参数以体会每个参数的含义。

实验 1 图像采集

八、实验报告

院系：		课程名称：		日期：	
姓名：		学号：		班级：	
实验名称			成绩		

一、实验概览

1. 实验目的（请用一句话概括）

2. 关键词（列出几个关键词，如"相机调参""图像采集"等）

二、实验设备与环境

1. 硬件配置

2. 软件环境（Ubuntu 版本以及其他必备软件）

3. 环境设置（实验环境）

三、实验内容及步骤

（根据教材中的实验步骤，记录实际操作过程）

四、实验现象与分析

1. 现象描述：

□窗口正常显示

□图像正常保存

□程序正常运行

□其他（请说明）：＿＿＿＿＿＿＿＿＿＿＿＿＿＿＿＿＿

2. 相关的屏幕截图或代码修改

3. 问题清单（列出实验过程中遇到的问题，已解决的写出解决办法）

4. 创新点（描述实验中尝试的创新做法或不同于常规的方法）

五、原理探究

1. 说明视觉系统的硬件组成及搭建技巧。

2. 描述如何调整相机参数拍摄一张与物料最接近的图像。

六、思考与讨论

讨论视觉检测的优缺点及使用。

实验 2

二维码识别

二维码识别是指使用相应的设备或软件来读取并解码二维码中的信息。二维码在许多领域都有广泛的应用，如在商业中用于产品标识、移动支付、广告推广等；在物流行业中用于跟踪货物、库存管理和快递配送；在农业领域通过在农产品包装上添加二维码，消费者可以扫描二维码了解产品的种植、加工、运输等信息，实现农产品的全程追溯，提高产品的透明度和信任度，实现产品溯源。

本实验采用工业视觉系统，通过编程调试控制相机，拍摄包含订单信息的二维码图片，再将获取的图片用编写程序的方式进行颜色空间转换、阈值分割和图像融合等处理，使用 pyzbar 库对二维码进行识别，最终将二维码的识别结果打印在显示窗口上。

一、实验目的

（1）素养提升

① 能够基于二维码识别相关工程背景开展合理分析，评价专业工程实践和复杂工程问题解决方案对社会、健康、安全、法律以及文化的影响，并理解应承担的责任。
② 能够通过对开源软件库的不断自主学习，培养终身学习和适应发展的能力。

（2）知识运用

① 能够辨识颜色空间的概念和原理。
② 能够阐明二维码识别在商业、物流等领域中的应用。
③ 能够熟练使用二维码识别方法解决生活中的常见信息溯源和信息存储与读取等问题。

（3）能力训练

① 能够针对复杂的工程问题适时地选择二维码识别技术解决。
② 能够在实验内容及步骤的指导下，独立完成操作，并能够进行实验调整与改进。
③ 理解并掌握二维码的原理与二维码的识别，并能在多场景中应用。

二、实验原理

当进行图像处理时，常常会使用灰度化和二值化两种基本的图像处理方法。表 2-1 是对这两种方法的简要介绍。

表 2-1　灰度化和二值化基本介绍

图像处理方法	定义	种类	内容
图像灰度化	图像灰度化是将彩色图像转换为灰度图像的过程。在灰度图像中，每个像素的亮度仅使用一个灰度值来表示，而不包含颜色信息。这种处理方法的目的是减少图像的复杂性，同时保留图像中的主要亮度信息	平均值法	将彩色图像的每个像素的红、绿、蓝三个分量取平均值作为灰度值
		加权平均值法	对彩色图像的每个像素的红、绿、蓝三个分量进行加权后再取平均值
		人眼感知权重法	基于人眼对红、绿、蓝三个分量的感知差异性，给予不同的权重，然后进行加权平均值计算
图像二值化	图像二值化是将灰度图像转换为二值图像的过程，其中只包含两个像素值：黑色和白色。通常情况下，二值图像中的白色像素表示目标物体或感兴趣区域，而黑色像素表示背景或其他无关区域	固定阈值法	将灰度图像中的像素值与设定的阈值进行比较，大于阈值的像素设为白色，小于等于阈值的像素设为黑色
		自适应阈值法	根据图像的局部特征，自动调整每个像素的阈值。常见的自适应阈值算法有基于平均值或高斯模糊的方法
		Otsu's 阈值法	通过最大类间方差法确定最佳的阈值，使得目标和背景间的差异达到最大

灰度化和二值化是图像处理中常见且重要的预处理步骤。它们为后续的图像分析、特征提取和对象检测等任务提供了基础，并且在很多应用中起到了关键作用。

在 Python 中提供了几个常用的二维码识别库，包括 ZBar 和 pyzbar。

ZBar 是一种流行的开源软件包，用于进行条形码和二维码的识别，支持包括 Python 等多种语言。其提供简单易用的接口，能够识别多种格式的二维码，应用十分广泛。

pyzbar 库是一个开源的 Python 库，基于 ZBar 库实现，用于解码和识别二维码以及一维条形码。它提供了简单易用的接口，可以方便地在 Python 中进行二维码的识别和信息提取，加快开发速度并轻松实现相关功能。

三、实验内容及流程

在二维码识别的实验中，进行二维码识别是为了通过计算机自动识别图像中的二维码，并提取其中的信息。通过使用相应的库（如 pyzbar），可以对采集到的图像进行处理，包括灰度化、阈值化等操作，然后利用库中的解码方法进行二维码的识别，最终得到二维码中所包含的数据信息，读取果蔬订单信息。实验结果将是成功提取并显示或存储二维码所包含的信息，为进一步处理或应用提供数据基础。通过这一过程，我们能够理解二维码在自动识别、信息采集等方面的实际应用，从而更好地掌握相关技术和方法。实验流程如图 2-1 所示。

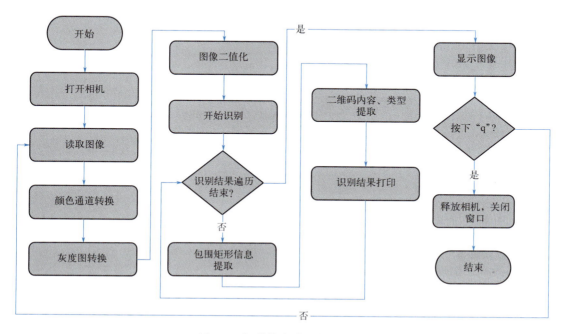

图 2-1 订单信息读取实验流程

四、实验仪器及材料

根据上述实验内容，本实验所用的主要实验设备与辅助器具清单见表 2-2，需要指出的是，实验设备与辅助器具以完成实验内容为终极目标，不做具体限制。

表 2-2 实验仪器及材料

设备/物料	设备/物料示例	设备数量
视觉识别平台	QC-9KT	1 台
二维码	订单二维码	1 张

五、实验步骤

（1）打开相机窗口

新建文件，输入获取和保存图像的程序，获取和保存二维码图像，具体程序及过程参

机器视觉项目实战

见实验 1。

（2）导入二维码识别库

在 Python 中进行二维码识别，可以使用其中常用的二维码识别库，本实验程序以 pyzbar 为例，具体实验程序如下：

```python
# 导入必要库
import cv2 as cv
from jetcam.daheng_camera import DHCamera
import pyzbar.pyzbar as pyzbar①
# 创建大恒相机对象
camera = DHCamera(capture_device=1, gain=0.0, exposure_time=50000,
                  balance_white={'RED': 1.55, 'GREEN': 1.0, 'BLUE': 1.44})
while True:
    # 读取一帧图像
    img = camera.read()
    if img is None:
        continue
    # 图像颜色通道转换
    img = cv.cvtColor(img, cv.COLOR_RGB2BGR)
    # 显示图像
    cv.imshow("image1", img)
    key_num = cv.waitKey(20)
    # 按"q"退出
    if key_num == ord("q"):
        break
# 释放相机
camera.release()
# 关闭所有窗口
cv.destroyAllWindows()
```
　① 特别标注语句为每步实验添加的程序内容。

（3）图像灰度化

在对图像进行操作前一般要对图像进行预处理，首先是将图像进行灰度化，因二维码实际为黑白不易看出灰度化结果，这里用橙色的橘子做演示，如图 2-2 所示。具体实验程序如下：

```python
# 导入必要库
import cv2 as cv
from jetcam.daheng_camera import DHCamera
import pyzbar.pyzbar as pyzbar
# 创建大恒相机对象
camera = DHCamera(capture_device=1, gain=0.0, exposure_time=50000,
                  balance_white={'RED': 1.55, 'GREEN': 1.0, 'BLUE': 1.44})
```

014

```
while True:
    # 读取一帧图像
    img = camera.read()
    if img is None:
        continue
    # 图像颜色通道转换
    img = cv.cvtColor(img, cv.COLOR_RGB2BGR)
    # 图像灰度化
    img_gray = cv.cvtColor(img, cv.COLOR_BGR2GRAY)
    # 显示图像
    cv.imshow("image1", img)
    key_num = cv.waitKey(20)
    # 按"q"退出
    if key_num == ord("q"):
        break
# 释放相机
camera.release()
# 关闭所有窗口
cv.destroyAllWindows()
```

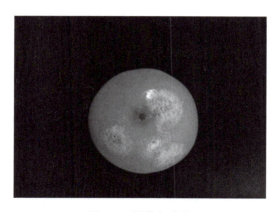

图 2-2　图像灰度化

（4）图像二值化

图像预处理第 2 步是进行二值化，二值化结果如图 2-3 所示。这里演示的结果并不是最理想的二值化结果，请根据前面实验的学习尝试在此处更改实验程序中的语句参数以获得最理想的二值化效果，具体程序如下：

```
# 导入必要库
import cv2 as cv
from jetcam.daheng_camera import DHCamera
import pyzbar.pyzbar as pyzbar
# 创建大恒相机对象
camera = DHCamera(capture_device=1, gain=0.0, exposure_time=50000,
```

```python
                    balance_white={'RED': 1.55, 'GREEN': 1.0, 'BLUE': 1.44})
while True:
    # 读取一帧图像
    img = camera.read()
    if img is None:
        continue
    # 图像颜色通道转换
    img = cv.cvtColor(img, cv.COLOR_RGB2BGR)
    # 图像灰度化
    img_gray = cv.cvtColor(img, cv.COLOR_BGR2GRAY)
    Gray_Thresh = 127
    retval, img_thresh = cv.threshold(
        img_gray, Gray_Thresh, 255, cv.THRESH_BINARY)
    # 显示图像
    cv.imshow("image1", img_thresh)
    key_num = cv.waitKey(20)
    # 按"q"退出
    if key_num == ord("q"):
        break
# 释放相机
camera.release()
# 关闭所有窗口
cv.destroyAllWindows()
```

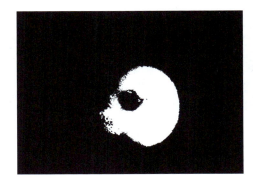

图 2-3　图像二值化

（5）识别二值化的图像

对预处理过的图像进行识别，具体程序如下：

```python
# 导入必要库
import cv2 as cv
from jetcam.daheng_camera import DHCamera
import pyzbar.pyzbar as pyzbar
# 创建大恒相机对象
```

```python
camera = DHCamera(capture_device=1, gain=0.0, exposure_time=50000,
                  balance_white={'RED': 1.55, 'GREEN': 1.0, 'BLUE': 1.44})
while True:
    # 读取一帧图像
    img = camera.read()
    if img is None:
        continue
    # 图像颜色通道转换
    img = cv.cvtColor(img, cv.COLOR_RGB2BGR)
    # 图像灰度化
    img_gray = cv.cvtColor(img, cv.COLOR_BGR2GRAY)
    Gray_Thresh = 127
    retval, img_thresh = cv.threshold(
        img_gray, Gray_Thresh, 255, cv.THRESH_BINARY)
    # 识别图片中的二维码s
    barcodes = pyzbar.decode(img_thresh)
    # 显示图像
    cv.imshow("image1", img)
    key_num = cv.waitKey(20)
    # 按"q"退出
    if key_num == ord("q"):
        break
# 释放相机
camera.release()
# 关闭所有窗口
cv.destroyAllWindows()
```

（6）提取并绘制二维码信息

最后将提取出来的该二维码的订单信息打印在窗口二维码上方，订单信息主要包括内容有选择黄色成熟果和需要的产品数量，提取并绘制识别结果如图 2-4 所示，具体程序如下：

```python
# 导入必要库
import cv2 as cv
from jetcam.daheng_camera import DHCamera
import pyzbar.pyzbar as pyzbar
# 创建大恒相机对象
camera = DHCamera(capture_device=1, gain=0.0, exposure_time=50000,
                  balance_white={'RED': 1.55, 'GREEN': 1.0, 'BLUE': 1.44})
while True:
    # 读取一帧图像
    img = camera.read()
    if img is None:
        continue
```

```python
    # 图像颜色通道转换
    img = cv.cvtColor(img, cv.COLOR_RGB2BGR)
    # 图像灰度化
    img_gray = cv.cvtColor(img, cv.COLOR_BGR2GRAY)
    Gray_Thresh = 127
    retval, img_thresh = cv.threshold(
        img_gray, Gray_Thresh, 255, cv.THRESH_BINARY)
    # 识别图片中的二维码s
    barcodes = pyzbar.decode(img_thresh)
    for barcode in barcodes:
        # 提取二维码外框坐标及尺寸
        (x, y, w, h) = barcode.rect
        # 在图片上绘制外框
        cv.rectangle(img, (x, y), (x+w, y+h), (0, 0, 255), 2)
        # 提取二维码内容
        barcodeData = barcode.data.decode("utf-8")
        # 提取二维码类型
        barcodeType = barcode.type
        text = "{}({})".format(barcodeData, barcodeType)
        # 将二维码内容与类型打印到图片上
        cv.putText(img, text, (x, y-10), cv.FONT_HERSHEY_SIMPLEX,
                   0.5, (255, 0, 0), 2)
    # 显示图像
    cv.imshow("image1", img)
    key_num = cv.waitKey(20)
    # 按"q"退出
    if key_num == ord("q"):
        break
# 释放相机
camera.release()
# 关闭所有窗口
cv.destroyAllWindows()
```

图 2-4　订单信息读取结果

六、实验小结

本次实验利用二维码原理读取了订单信息。通过生成二维码图像，将订单信息编码成二维码，并编写程序对订单二维码图像进行扫描，最终将二维码图像转换为订单信息。

实验中的主要步骤包括准备订单信息文本文件、生成二维码图像、进行扫描、解码以及处理解码后的订单信息。

实验结果表明，二维码具有较高的信息存储能力和识别准确性。通过适当的二维码生成工具和解码算法的选择，能够准确地读取订单信息，从而实现了订单信息的快速获取和处理。

实验中遇到的主要问题是二维码图像的质量和清晰度，不清晰的二维码图像可能导致扫描器或应用程序无法准确识别和解码。因此，在实际应用中，需要确保生成的二维码图像具有足够的清晰度和质量，以提高识别的成功率。

总的来说，本次实验成功地展示了使用二维码原理读取订单信息的方法，并提供了一种简单而有效的方式来获取和处理订单信息。这种方法具有较高的可靠性和效率，可以广泛应用于电子商务、物流等领域。然而，对于特定应用场景，仍需根据实际需求选择合适的二维码生成工具和解码算法，以确保实验的准确性和可靠性。

七、拓展实验

在工业生产过程中，对产品进行追溯和管理是至关重要的，而条形码是一种广泛应用于产品标识和追踪的技术。为了实现自动化和提高生产效率，图像识别技术被引入工业场景，用于对产品条形码进行读取。

按照上述基础实验的具体内容与步骤讲解，我们可以尝试进行拓展实验：选取一系列不同类型、不同大小和不同位置的产品条形码作为样本，获取样本图像，读取保存的样本图像在识别过程中并对条形码进行灰度化、二值化处理，最终在显示窗口展示条形码读取结果。此处不给出具体步骤与程序，感兴趣的读者可根据实际需要调整和改写程序语句，自行尝试。

八、实验报告

院系：		课程名称：		日期：	
姓名：		学号：		班级：	
实验名称			成绩		

一、实验概览

1. 实验目的（请用一句话概括）

2. 关键词（列出几个关键词）

二、实验设备与环境

1. 硬件配置（计算机配置）

2. 软件环境

3. 环境设置（实验环境）

三、实验内容及步骤

（根据教材中的实验步骤，记录实际操作的过程）

四、实验结果与分析

1. 现象描述：

□灰度化正常

□二值化正常

□程序运行正常

□其他（请说明）：_____

2. 相关的屏幕截图或代码修改

3. 问题清单（列出实验过程中遇到的问题，已解决的写出解决办法）

4. 创新点（描述实验中尝试的创新做法或不同于常规的方法）

五、原理探究

1. 描述何为灰度化及描述何为二值化。

2. 描述灰度化及二值化在图像预处理中的意义。

六、思考与讨论

思考二维码识别在特定应用场景中的实际应用价值。讨论识别算法在实际应用中的可靠性和稳定性，例如在物流管理、支付系统、智能门禁等领域中。进一步思考如何优化识别算法，以满足不同应用场景的需求。

实验 3

长度测量

图像识别技术中的长度测量可以用于检测产品的尺寸、长度、宽度等关键参数,确保产品符合规格和标准要求。在建筑和土木工程中,长度测量广泛应用于结构测量和监测。通过使用图像识别技术,可以对建筑物或桥梁等结构的长度、高度、宽度等进行非接触式测量,实现结构安全评估和实时监测。在农业生产中,长度测量应用于农产品的大小测量,对果蔬的分类、分拣和质量评估至关重要。通过对果蔬长度的测量,农业生产者可以确保产品符合市场要求,并优化运输和储存过程。

本实验采用工业视觉系统,通过编程控制实验平台的相机拍摄待测物体的图片,编写程序将获取的图片进行颜色空间转换、阈值分割和图像融合等处理,最终根据设定判断不同果蔬的成熟度情况。

一、实验目的

（1）素养提升

① 能够基于长度测量实验学会分析图像工程测量物体尺寸,理解测量思想在工程领域的应用。

② 能够通过持续探索,不断培养自主学习能力。

（2）知识运用

① 能够辨识长度测量概念和原理。

② 能够阐明直径测量在果蔬质量检测中的应用。

③ 能够熟练使用长度测量检测果蔬质量实验的基本步骤。

（3）能力训练

① 能够针对复杂的工程问题适时地选择合适的长度测量方法进行实验。

② 能够在实验内容及步骤的指导下,独立完成操作,并能够进行实验调整与改进。

③ 理解并掌握比例系数的获取和长度测量的原理与实验方法,并能在多场景中应用。

二、实验原理

在计算机中，图像主要以数字图像的形式存在。数字图像是通过将模拟图像进行数字化得到的，以像素为基本元素，每个像素具有特定的位置和颜色值，如图 3-1 所示。因此相机获取的图像无法直接体现图像中物体的实际尺寸，要想得到某一物体的实际尺寸除了需要对图像进行之前实验中提到的图像处理外，还需要通过程序得到一个比例系数。

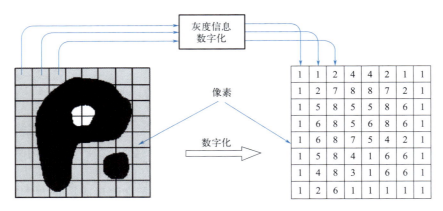

图 3-1 数字图像的表示

该比例系数是通过在图像中测量参考物体和待测物体的像素长度，并根据实际长度与像素长度之间的比例关系得到的，此比例系数用作在之后的实验中图像像素与长度的转换关系，就可以计算出待测物体的实际长度。这是最常用的长度测量实验原理之一。

三、实验内容及流程

本实验以橘子为例，通过测量橘子的直径来判断其大小是否符合质量要求。首先求得样品实际大小与样品图像像素尺寸的比例关系，再将此比例用作后续测量的依据。获取比例系数及直径测量具体实验的流程分别如图 3-2 与图 3-3 所示。

四、实验仪器及材料

根据上述实验内容，本实验所用的主要实验设备与物料清单见表 3-1。

表 3-1 实验仪器及材料

设备 / 物料	设备 / 物料示例	设备数量
视觉检测平台	QC-9KT	1 台
果蔬	橘子	若干

实验3　长度测量

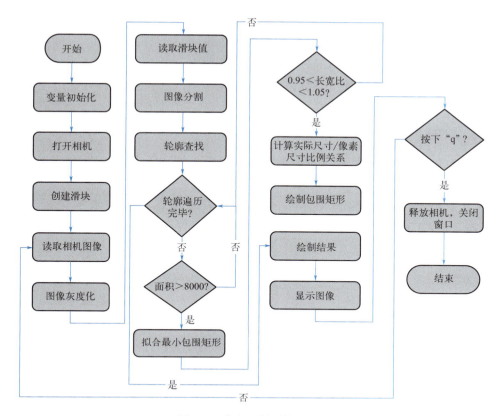

图 3-2　获取比例系数流程

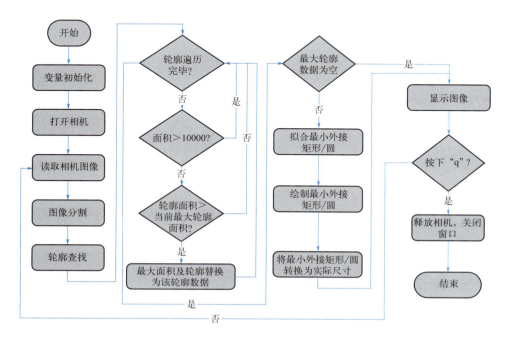

图 3-3　直径检测流程

机器视觉项目实战

五、实验步骤

本实验目的为测量待测物体的直径，判断是否符合订单要求。在实验中首先需要获取一个实际尺寸与像素尺寸的比例系数，将该比例系数填入测量程序后再执行，注意此处获取比例系数后相机不可再变动位置。

（1）获取比例系数

① 新建文件，输入获取和保存图像的程序，获取和保存的图像，具体程序及过程参见实验一。

② 定义物体实际宽度，物体实际尺寸可由测量后直接输入程序语句 width = 4.378　height = 4.378 定义，若此处使用的物体尺寸与程序给定不同请按照实际填入，具体实验程序如下：

```
# 导入必要库
import cv2 as cv
import numpy as np
from jetcam.daheng_camera import DHCamera
# 创建大恒相机对象
camera = DHCamera(capture_device=1, gain=0.0, exposure_time=50000,
                  balance_white={'RED': 1.55, 'GREEN': 1.0, 'BLUE': 1.44})
width = 4.378
height = 4.378
while True:
    img = camera.read()
    if img is None:
        continue
    img = cv.cvtColor(img, cv.COLOR_RGB2BGR)
    cv.imshow("image1", img)
    key_num = cv.waitKey(20)
    if key_num == ord("q"):
        break
camera.release()
cv.destroyAllWindows()
```

③ 创建滑块进行图像分割，由于环境光对图像分割的阈值影响较大，因此创建滑块能让图像分割的程序语句有更好的环境适应性，分割出的图像如图 3-4 所示，具体实验程序如下：

```
import cv2 as cv
import numpy as np
from jetcam.daheng_camera import DHCamera
camera = DHCamera(capture_device=1, gain=0.0, exposure_time=50000,
                  balance_white={'RED': 1.55, 'GREEN': 1.0, 'BLUE': 1.44})
width = 4.378
```

026

```
height = 4.378
def nothing(x):
    pass
cv.namedWindow('Track', cv.WINDOW_KEEPRATIO)
cv.createTrackbar('Gray_Thresh', 'Track', 170, 255, nothing)
while True:
    img = camera.read()
    if img is None:
        continue
    img = cv.cvtColor(img, cv.COLOR_RGB2BGR)
    img_gray = cv.cvtColor(img, cv.COLOR_BGR2GRAY)
    Gray_Thresh = cv.getTrackbarPos('Gray_Thresh', 'Track')
    retval, img_thresh = cv.threshold(img_gray, Gray_Thresh, 255, cv.THRESH_BINARY)
    cv.imshow("image1", img)
    cv.imshow("image2", img_thresh)
    key_num = cv.waitKey(20)
    if key_num == ord("q"):
        break
camera.release()
cv.destroyAllWindows()
```

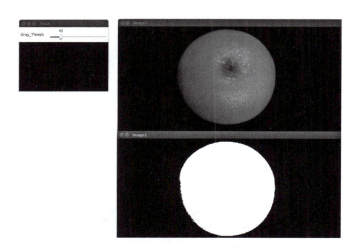

图 3-4　分割图像

④ 获取轮廓，将二值化后的图像进行轮廓信息的筛选，框出最终得到的结果如图 3-5 所示，具体程序如下：

```
import cv2 as cv
import numpy as np
from jetcam.daheng_camera import DHCamera
camera = DHCamera(capture_device=1, gain=0.0, exposure_time=50000,
                  balance_white={'RED': 1.55, 'GREEN': 1.0, 'BLUE': 1.44})
```

```python
width = 4.378
height = 4.378
def nothing(x):
    pass
cv.namedWindow('Track', cv.WINDOW_KEEPRATIO)
cv.createTrackbar('Gray_Thresh', 'Track', 170, 255, nothing)
while True:
    img = camera.read()
    if img is None:
        continue
    img = cv.cvtColor(img, cv.COLOR_RGB2BGR)
img_gray = cv.cvtColor(img, cv.COLOR_BGR2GRAY)
    Gray_Thresh = cv.getTrackbarPos('Gray_Thresh', 'Track')
    retval, img_thresh = cv.threshold(img_gray, Gray_Thresh, 255, cv.THRESH_BINARY)
cnts = cv.findContours(img_thresh, cv.RETR_EXTERNAL, cv.CHAIN_APPROX_SIMPLE)
    # 获取轮廓信息
    for c in cnts[0]:
        if cv.contourArea(c) > 8000:
            # 通过面积过滤轮廓
            rect = cv.minAreaRect(c)
            box = np.int0(cv.boxPoints(rect))
            # 画出来
            cv.drawContours(img, [box], -1, (255, 0, 0), 1)
    cv.imshow("image1", img)
cv.imshow("image2", img_thresh)
    key_num = cv.waitKey(20)
    if key_num == ord("q"):
        break
camera.release()
cv.destroyAllWindows()
```

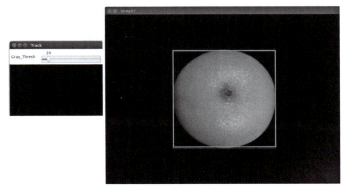

图 3-5　获取轮廓信息

⑤ 计算比例系数，根据实际定义的尺寸长度与获取图像的像素之间的关系得到比例系数，将比例系数计算结果打印出来如图 3-6 所示，具体实验程序如下：

```python
import cv2 as cv
import numpy as np
from jetcam.daheng_camera import DHCamera
camera = DHCamera(capture_device=1, gain=0.0, exposure_time=50000,
                  balance_white={'RED': 1.55, 'GREEN': 1.0, 'BLUE': 1.44})
width = 4.378
height = 4.378
def nothing(x):
    pass
cv.namedWindow('Track', cv.WINDOW_KEEPRATIO)
cv.createTrackbar('Gray_Thresh', 'Track', 170, 255, nothing)
while True:
    img = camera.read()
    if img is None:
        continue
    img = cv.cvtColor(img, cv.COLOR_RGB2BGR)
img_gray = cv.cvtColor(img, cv.COLOR_BGR2GRAY)
    Gray_Thresh = cv.getTrackbarPos('Gray_Thresh', 'Track')
    retval, img_thresh = cv.threshold(img_gray, Gray_Thresh, 255, cv.THRESH_
BINARY)
cnts = cv.findContours(img_thresh, cv.RETR_EXTERNAL,
cv.CHAIN_APPROX_SIMPLE)
    # 获取轮廓信息
    k_value = 0
    for c in cnts[0]:
        if cv.contourArea(c) > 8000:
            # 通过面积过滤轮廓
            rect = cv.minAreaRect(c)
            box = np.int0(cv.boxPoints(rect))
            w, h = rect[1]
            if 0.95*h < w < 1.05*h:
                k_value = (width/w + height/h)/2
                box = np.int0(cv.boxPoints(rect))
            # 画出来
            cv.drawContours(img, [box], -1, (255, 0, 0), 1)
    cv.imshow("image1", img)
cv.imshow("image2", img_thresh)
    key_num = cv.waitKey(20)
    if key_num == ord("q"):
        break
camera.release()
cv.destroyAllWindows()
```

```
# 导入必要库
import cv2 as cv
import numpy as np
from jetcam.daheng_camera import DHCamera

# 创建大恒相机对象
camera = DHCamera(capture_device=1, gain=0.0, exposure_time=50000, balance_white={'RED': 1.55, 'GREEN': 1.0, 'BLUE': 1.44})
width = 4.378
height = 4.378
def nothing(x):
    pass
cv.namedWindow('Track', cv.WINDOW_KEEPRATIO)
cv.createTrackbar('Gray Thresh', 'Track', 170, 255, nothing)
while True:
    # 读取一帧图像
    img = camera.read()
    if img is None:
        continue
    # 图像制色道道转换
    img = cv.cvtColor(img, cv.COLOR_RGB2BGR)
    img_gray = cv.cvtColor(img, cv.COLOR_BGR2GRAY)
    # THRESH_BINARY
    Gray_Thresh = cv.getTrackbarPos('Gray Thresh', 'Track')
    retval, img_thresh = cv.threshold(img_gray, Gray_Thresh, 255, cv.THRESH_BINARY)
    cnts = cv.findContours(img_thresh, cv.RETR_EXTERNAL, cv.CHAIN_APPROX_SIMPLE)
    # 获取检测信息
    k_value = 0
    for c in cnts[0]:
        if cv.contourArea(c) > 8000:
            # 通过面积过滤障碍
            rect = cv.minAreaRect(c)
            box = np.int0(cv.boxPoints(rect))
            w, h = rect[1]
            if 0.95*h < w < 1.05*h:
                k_value = (width/w + height/h)/2
                box = np.int0(cv.boxPoints(rect))
                print(k_value)
            # 画出来
            cv.drawContours(img, [box], -1, (255, 0, 0), 1)
    # 显示图像
    cv.imshow("image1", img)
    #cv.imshow("image2", img_thresh)
    key_num = cv.waitKey(20)
    # 按q退出，按s保存
    if key_num == ord("q"):
        break
# 释放相机
camera.release()
# 关闭所有窗口
cv.destroyAllWindows()
```

```
0.012585145334523174
0.012469329983484988
0.012461092788186574
0.012462585911566644
0.012468336695725233
0.012463099039316852
0.012455822122933969
0.012457073504231725
0.012461400253480441
0.012462556394759364
0.012458277357490912
0.012457073504231725
0.012455822122933969
0.012467458460927811
0.012449798988784664
0.012463571916516593
0.012464938321357219
```

图 3-6　获取比例系数

（2）测量尺寸长度

① 将上一个程序中得到的比例系数填入程序 k_value = 0.0125 语句，打开相机获取图像如图 3-7 所示，具体实验程序如下：

```
# 导入必要库
import cv2 as cv
import numpy as np
from jetcam.daheng_camera import DHCamera
k_value = 0.0125
# 创建大恒相机对象
camera = DHCamera(capture_device=1, gain=0.0, exposure_time=50000,
                  balance_white={'RED': 1.55, 'GREEN': 1.0, 'BLUE': 1.44})
while True:
    img = camera.read()
    if img is None:
        continue
    img = cv.cvtColor(img, cv.COLOR_RGB2BGR)
    cv.imshow("image1", img)
    key_num = cv.waitKey(20)
    if key_num == ord("q"):
        break
camera.release()
```

```
cv.destroyAllWindows()
```

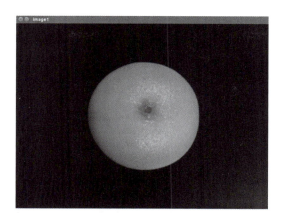

图 3-7　获取图像

② 创建滑块分割图像，实验结果如图 3-8 所示，具体实验程序如下：

```
# 导入必要库
import cv2 as cv
import numpy as np
from jetcam.daheng_camera import DHCamera
k_value = 0.029
# 创建大恒相机对象
camera = DHCamera(capture_device=1, gain=0.0, exposure_time=50000,
                  balance_white={'RED': 1.55, 'GREEN': 1.0, 'BLUE': 1.44})
def nothing(x):
    pass
cv.namedWindow('Track', cv.WINDOW_KEEPRATIO)
cv.createTrackbar('H_Min', 'Track', 6, 180, nothing)
cv.createTrackbar('H_Max', 'Track', 180, 180, nothing)
cv.createTrackbar('S_Min', 'Track', 121, 255, nothing)
cv.createTrackbar('S_Max', 'Track', 255, 255, nothing)
cv.createTrackbar('V_Min', 'Track', 204, 255, nothing)
cv.createTrackbar('V_Max', 'Track', 255, 255, nothing)
while True:
    img = camera.read()
    if img is None:
        continue
    img = cv.cvtColor(img, cv.COLOR_RGB2BGR)
    hsv_image = cv.cvtColor(img, cv.COLOR_BGR2HSV)
    H_Min = cv.getTrackbarPos('H_Min', 'Track')
    S_Min = cv.getTrackbarPos('S_Min', 'Track')
    V_Min = cv.getTrackbarPos('V_Min', 'Track')
    H_Max = cv.getTrackbarPos('H_Max', 'Track')
    S_Max = cv.getTrackbarPos('S_Max', 'Track')
```

```
    V_Max = cv.getTrackbarPos('V_Max', 'Track')
    yellow_hsv = [ H_Max, S_Max, V_Max, H_Min, S_Min, V_Min]
    up_ = np.array(yellow_hsv[: 3])
    lower_ = np.array(yellow_hsv[-3: ])
    mask = cv.inRange(hsv_image, lower_, up_)
    cv.imshow("image1", img)
cv.imshow("mask", mask)
    key_num = cv.waitKey(20)
    if key_num == ord("q"):
        break
camera.release()
cv.destroyAllWindows()
```

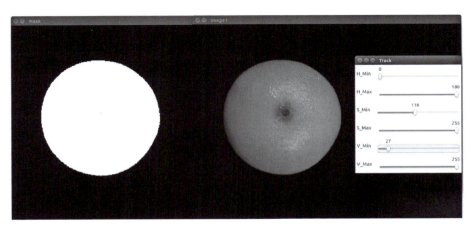

图 3-8　分割图像

③将提取分割后的图像进行面积筛选,淘汰面积较小区域,具体实验程序如下:

```
# 导入必要库
import cv2 as cv
import numpy as np
from jetcam.daheng_camera import DHCamera
k_value = 0.029
# 创建大恒相机对象
camera = DHCamera(capture_device=1, gain=0.0, exposure_time=50000,
                  balance_white={'RED': 1.55, 'GREEN': 1.0, 'BLUE': 1.44})
def nothing(x):
    pass
cv.namedWindow('Track', cv.WINDOW_KEEPRATIO)
cv.createTrackbar('H_Min', 'Track', 6, 180, nothing)
cv.createTrackbar('H_Max', 'Track', 180, 180, nothing)
cv.createTrackbar('S_Min', 'Track', 121, 255, nothing)
cv.createTrackbar('S_Max', 'Track', 255, 255, nothing)
cv.createTrackbar('V_Min', 'Track', 204, 255, nothing)
```

实验3 长度测量

```python
cv.createTrackbar('V_Max', 'Track', 255, 255, nothing)
while True:
    img = camera.read()
    if img is None:
        continue
    img = cv.cvtColor(img, cv.COLOR_RGB2BGR)
    hsv_image = cv.cvtColor(img, cv.COLOR_BGR2HSV)
    H_Min = cv.getTrackbarPos('H_Min', 'Track')
    S_Min = cv.getTrackbarPos('S_Min', 'Track')
    V_Min = cv.getTrackbarPos('V_Min', 'Track')
    H_Max = cv.getTrackbarPos('H_Max', 'Track')
    S_Max = cv.getTrackbarPos('S_Max', 'Track')
    V_Max = cv.getTrackbarPos('V_Max', 'Track')
    yellow_hsv = [ H_Max, S_Max, V_Max, H_Min, S_Min, V_Min]
    up_ = np.array(yellow_hsv[: 3])
    lower_ = np.array(yellow_hsv[-3: ])
    mask = cv.inRange(hsv_image, lower_, up_)
    # 提取轮廓
cnts = cv.findContours(mask, cv.RETR_EXTERNAL,
cv.CHAIN_APPROX_SIMPLE)
    max_area = 0
    cnt = None
    for c in cnts[0]:
        area = cv.contourArea(c)
        if area < 10000: # 筛掉太小的轮廓
            continue
        if area > max_area:
            cnt = c
            max_area = area
    cv.imshow("image1", img)
cv.imshow("mask", mask)
    key_num = cv.waitKey(20)
    if key_num == ord("q"):
        break
camera.release()
cv.destroyAllWindows()
```

④ 在筛选出的图像上画出外接矩形/圆,将最终结果框选出来如图3-9所示,具体实验程序如下:

```python
# 导入必要库
import cv2 as cv
import numpy as np
from jetcam.daheng_camera import DHCamera
k_value = 0.029
```

033

机器视觉项目实战

```python
# 创建大恒相机对象
camera = DHCamera(capture_device=1, gain=0.0, exposure_time=50000,
                  balance_white={'RED': 1.55, 'GREEN': 1.0, 'BLUE': 1.44})
def nothing(x):
    pass
cv.namedWindow('Track', cv.WINDOW_KEEPRATIO)
cv.createTrackbar('H_Min', 'Track', 6, 180, nothing)
cv.createTrackbar('H_Max', 'Track', 180, 180, nothing)
cv.createTrackbar('S_Min', 'Track', 121, 255, nothing)
cv.createTrackbar('S_Max', 'Track', 255, 255, nothing)
cv.createTrackbar('V_Min', 'Track', 204, 255, nothing)
cv.createTrackbar('V_Max', 'Track', 255, 255, nothing)
while True:
    img = camera.read()
    if img is None:
        continue
    img = cv.cvtColor(img, cv.COLOR_RGB2BGR)
    hsv_image = cv.cvtColor(img, cv.COLOR_BGR2HSV)
    H_Min = cv.getTrackbarPos('H_Min', 'Track')
    S_Min = cv.getTrackbarPos('S_Min', 'Track')
    V_Min = cv.getTrackbarPos('V_Min', 'Track')
   H_Max = cv.getTrackbarPos('H_Max', 'Track')
    S_Max = cv.getTrackbarPos('S_Max', 'Track')
    V_Max = cv.getTrackbarPos('V_Max', 'Track')
    yellow_hsv = [ H_Max, S_Max, V_Max, H_Min, S_Min, V_Min]
    up_ = np.array(yellow_hsv[: 3])
    lower_ = np.array(yellow_hsv[-3: ])
    mask = cv.inRange(hsv_image, lower_, up_)
    # 提取轮廓
    cnts = cv.findContours(mask, cv.RETR_EXTERNAL, cv.CHAIN_APPROX_SIMPLE)
    max_area = 0
    cnt = None
    for c in cnts[0]:
        area = cv.contourArea(c)
        if area < 10000:  # 筛掉太小的轮廓
            continue
        if area > max_area:
            cnt = c
            max_area = area
if cnt is not None:
            # 最小外接矩形(中心坐标),(长宽),角度
            rect = cv.minAreaRect(cnt)
            box = cv.boxPoints(rect)
            box = np.int0(box)
            # 画出来
```

```
            cv.drawContours(img, [box], 0, (0, 0, 255), 2)
            # 最小外接圆
            (x, y), radius = cv.minEnclosingCircle(cnt)
            center = (int(x), int(y))
            radius = int(radius)
            cv.circle(img, center, radius, (0, 255, 0), 2)
            radius = round(radius * k_value, 2)
            cv.putText(img, "radius: "+str(radius)+"cm", (25, 25),
cv.FONT_HERSHEY_SIMPLEX, 0.5, (0, 0, 0), 2)
    cv.imshow("image1", img)
cv.imshow("mask", mask)
    key_num = cv.waitKey(20)
    if key_num == ord("q"):
        break
camera.release()
cv.destroyAllWindows()
```

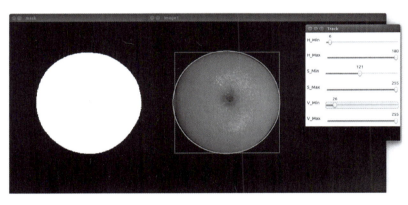

图 3-9　最终结果

六、实验小结

通过本实验，我们学习了利用颜色检测原理进行果蔬成熟度检测的基本步骤。实验结果表明，果蔬的成熟度与其颜色之间存在一定的关系，可以通过颜色检测方法来判断果蔬的成熟度。然而，需要注意的是，不同类型的果蔬可能存在不同的成熟度与颜色的关系，因此在实际应用中需要进行针对性的研究和调整。

七、拓展实验

在工业生产中，确保产品尺寸的准确性和符合规格要求对于产品质量和合格率显得尤为重要。而图像识别技术可以在工业场景中应用于产品尺寸的测量，以实现自动化的尺寸判断和质量控制。

机器视觉项目实战

　　按照上述基础实验的具体内容与步骤讲解，我们可以尝试进行拓展实验：拓展实验旨在评估长度测量用于工业生产中的可行性和有效性。将标准件以不同角度和位置摆放，模拟产品生产线上的实际场景。首先用一个已知实际长度的物品获取比例系数，将该比例系数填入测量尺寸的程序中，并将测量结果与传统的人工测量方法进行对比。通过对比结果，评估图像识别技术在长度测量的准确性和效率方面的优势。在实验过程中还可以适当加入判断语句，确定一个尺寸合格范围，剔除超出合格范围的产品，留下满足条件的产品。此处不给出具体步骤与程序，感兴趣的读者可根据实际需要调整和改写程序语句，自行尝试。

八、实验报告

院系：		课程名称：		日期：	
姓名：		学号：		班级：	
实验名称			成绩		

一、实验概览

1. 实验目的（请用一句话概括）

2. 关键词（列出几个关键词）

二、实验原理

1. 硬件配置（计算机配置）

2. 软件环境

3. 环境设置（实验环境）

三、实验内容及步骤

（根据教材中的实验步骤，记录实际操作的过程）

四、实验现象与分析

1. 现象描述：

□测量结果正确

□窗口正常显示

□程序正常运行

□其他（请说明）：_____

2. 相关的屏幕截图或代码修改

3. 问题清单（列出实验过程中遇到的问题，已解决的写出解决办法）

4. 创新点（描述实验中尝试的创新做法或不同于常规的方法）

五、原理探究

1. 描述比例尺的意义。

2. 简要描述本实验是如何实现物料长度测量的。

六、思考与讨论

要想提高本实验的测量精度有何方法，写出实验流程（提示：加入相机标定）。

实验 4

面积测量

面积测量是指通过视觉检测计数测量物体的面积，面积测量技术是视觉检测技术中的一种，可以应用于多个领域。在农业生产和土地管理中，经常需要进行土地面积的测量，传统的测量方法需要大量的人工操作和计算，而视觉检测技术可以通过拍摄地面图像，利用计算机视觉算法自动计算出土地的面积，这种方法具有快速、准确、非接触性的优点，可以大大提高土地测量工作的效率和精度。在电商及快递物流分拣场景中，利用视觉检测计数进行面积测量能够帮助高效地选择料框，还能够快速引导机器人进行动态包裹分拣。

本实验采用工业视觉系统，通过编程再现方法进行相机标定和面积测量。通过实验平台的相机拍摄待测物体的图片，将获取的图片进行图像处理，计算实际大小与像素的比例系数，最终计算出待测物体的实际面积。

一、实验目的

（1）素养提升

① 能够基于面积检测实验，关注细节，提高观察力。
② 能够根据实验情况调整学习策略，提高自我反思和自我评估的能力。

（2）知识运用

① 能够阐明相机标定的概念和原理。
② 能够辨识不同图像处理方法在视觉检测不同场景中的应用。
③ 能够熟练使用视觉测量方法的基本步骤。

（3）能力训练

① 能够针对不同的环境进行相机标定，实现测量的准确性。
② 能够在实验内容及步骤的指导下，独立完成操作，并能够进行实验调整与改进。
③ 理解并掌握相机标定、畸变校正的原理与实验方法，并能在多场景中应用。

二、实验原理

（1）相机标定的意义

在图像测量过程以及机器视觉应用中，为确定空间物体表面某点的三维几何位置与其在二维图像中对应点之间的相互关系，必须建立相机成像的几何模型，这些几何模型参数就是相机参数。进行相机标定的目的是求出相机的内、外参数，以及畸变参数，从而校正镜头畸变，生成校正后的图像，并根据获取的图像重构三维场景。在实际应用中，通常需要使用多个不同的空间点来进行标定，以提高标定的精度和可靠性。

（2）相机标定的方法

相机标定法的具体步骤包括以下几个方面：

① 收集标定数据　首先需要收集一些标定数据，包括已知空间点的三维坐标和对应的二维图像坐标。这些数据可以通过特殊的标定板或者其他标定工具来获取。

② 计算相机内部参数　通过对已知空间点的三维坐标和对应的二维图像坐标进行匹配，可以计算出相机的内部参数，包括焦距、主点位置、畸变等。

③ 计算相机外部参数　在已知相机内部参数的情况下，可以通过对已知空间点的三维坐标和对应的二维图像坐标进行匹配，来计算出相机在三维空间中的位置和方向。

④ 验证标定结果　最后需要对标定结果进行验证，以确保标定的精度和可靠性。这可以通过对新的空间点进行测量和计算来实现。

（3）镜头畸变

相机的成像模型中用到了三个不同的坐标系，分别为图像坐标系、相机坐标系和世界坐标系。假设世界坐标系中一点 $P_w(X, Y, Z)$，其在图像坐标系中的对应点为 $p(u_0, v_0)$，在相机坐标系中的对应点为 $P_c(x, y)$，则它们之间的几何关系如图 4-1 所示。

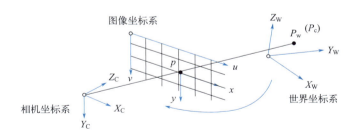

图 4-1　三个坐标系之间的关系

在理想情况下，给定一个拥有足够数量的点集合，并且知道它们在世界坐标系下的坐标和对应的图像坐标系下的坐标，就可以解出相机的内外参数。但是在加工生成过程中，限于材料和工艺水平等因素，相机镜头并不是理想的光学成像系统。而且，在透镜的安装过程中，也很难保证透镜与成像感光芯片保持平行。因此，在用相机拍照时，实际成像点与理想的位置往往存在一定的偏差。

① 径向畸变　径向畸变是指由于相机镜头的透镜形状不理想造成实际成像点的位置相对于理想位置沿径向产生偏移的现象。径向畸变可以分为桶形畸变和枕形畸变。桶形畸变即视野中光轴中心附近区域放大率远大于边缘区域，如图 4-2（b）所示，常出现于广角镜头和鱼眼镜头。枕形畸变又称鞍形畸变，同桶形相反，视野中边缘区域的放大率远大于光轴中心附近区域放大率，如图 4-2（c）所示，常出现在远摄镜头中。

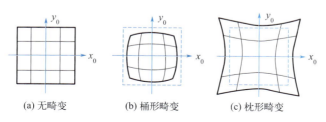

图 4-2　径向畸变

② 切向畸变　切向畸变是指由于透镜本身与相机传感器平面（成像平面）不平行而导致的线性畸变。这种情况多是因为在将透镜粘贴到镜头模组上时的安装偏差所引起的，如图 4-3 所示。

无论是在图像测量或者机器视觉应用中，相机参数的标定都是非常关键的环节，其标定结果的精度及算法的稳定性直接影响相机工作产生结果的准确性。因此，做好相机标定是做好后续工作的前提，提高标定精度是科研工作的重点所在。

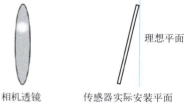

图 4-3　切向畸变产生原因

三、实验内容及流程

视觉测量实验中，图像在相机中的呈现效果受环境影响，为实现更加准确的测量需要进行相机标定和比例系数的获取。本实验获取比例系数的方法是在测量程序中定义获取函数。获取比例系数的自定义函数流程如图 4-4 所示，实验先执行相机标定程序，然后再进行面积测量，面积测量实验实现流程如图 4-5 所示。

四、实验仪器及材料

根据上述实验内容，本实验所用的主要实验设备与物料清单见表 4-1。

表 4-1　实验仪器及材料

设备 / 物料	设备 / 物料示例	设备数量
视觉检测平台	QC-9KT	1 台
果蔬	橘子	若干
标定板	棋盘格	1 块

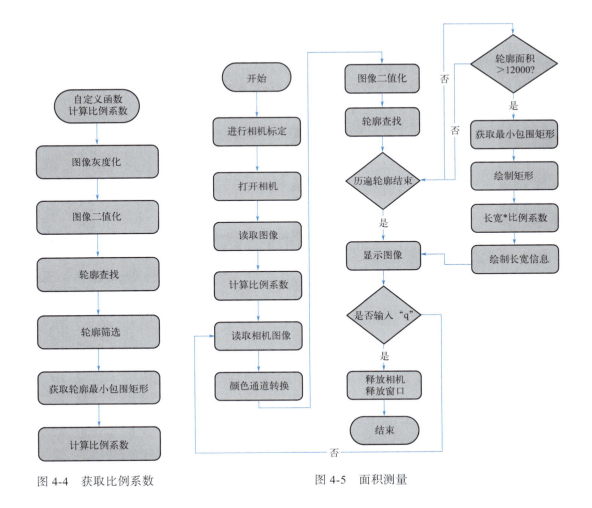

图 4-4 获取比例系数　　　　图 4-5 面积测量

五、实验步骤

（1）相机标定

在进行正式的面积测量实验前需要对相机进行标定，以下为相机标定的实验步骤与内容。

① 准备标定板　选择具有高精度、易识别的标定板如图 4-6 所示，如黑白相间的棋盘格标定板，确保标定板的尺寸和格子数量满足相机标定的要求。

② 拍摄标定图像　将标定板放置在相机前，调整标定板的位置和角度，使其覆盖相机的大部分视野。在不同的位置、角度和距离下拍摄多张标定板图像，确保每张图像中都能清晰地识别出标定板的特征点。

③ 特征点提取　对每张拍摄的标定图像进行处理，利用图像处理算法（如角点检测算法）准确提取出标定板上的特征点，如图 4-7 所示。

实验4 面积测量

图 4-6 标定板

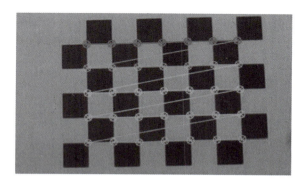

图 4-7 特征点提取

④ 相机参数求解 根据提取的特征点像素坐标和对应的实际坐标，利用相机标定算法（如张氏标定法）求解出相机的内外参数，包括焦距、主点坐标、畸变系数以及相机在世界坐标系中的位置和方向。

⑤ 标定结果验证 为了验证标定结果的准确性，可以使用额外的标定图像或实际物体进行验证。通过比较测量结果与真实值之间的差异，评估相机标定的精度和可靠性。

具体相机标定程序如下，其中棋盘单位长度尺寸和棋盘行列的各角点数根据实际使用填入 square_ = "0.108" 和 size_ = (7,5) 程序语句中。

```
from jetcam.camera_calibrator import OpenCVCalibrationNode
from jetcam.calibrator import ChessboardInfo
from jetcam.daheng_camera import DHCamera
camera = DHCamera(capture_device=1, gain=0.0, exposure_time=50000,
                  balance_white={'RED': 1.55, 'GREEN': 1.0, 'BLUE': 1.44})
square_ = "0.108"           # 棋盘单位长度
size_ = (7, 5)              # 棋盘行列的各角点数
boards = []
boards.append(ChessboardInfo(
    "chessboard", size_[0], size_[1], float(square_)))
node = OpenCVCalibrationNode(boards)
```

机器视觉项目实战

```
while True:
    frame = camera.read()
    if frame is None:
        break
    node.queue_monocular(frame)
camera.release()
```

注：相机标定后不可再变更相机位置。

（2）面积测量

① 获取相机图像　新建文件，输入获取和保存图像的程序，具体程序及过程参见实验1。

② 读取相机参数　经过相机标定，确定空间物体位置与其在图像中对应点的位置关系，读取相机参数，具体程序如下：

```
import cv2 as cv
import numpy as np
import yaml
from jetcam.daheng_camera import DHCamera
# 相机参数文件路径
parameters_path = './ost.yaml'
skip_lines = 0
with open(parameters_path) as infile:
    for i in range(skip_lines):
        _ = infile.readline()
    data = yaml.load(infile, Loader=yaml.FullLoader)
mtx = data['camera_matrix']['data']
dist = data['distortion_coefficients']['data']
mtx = np.array(mtx, np.float64).reshape(3, 3)
dist = np.array(dist, np.float32).reshape(-1, 5)
camera = DHCamera(capture_device=1, gain=0.0, exposure_time=50000,
        balance_white={'RED': 1.55, 'GREEN': 1.0, 'BLUE': 1.44})
while True:
    img = camera.read()
    if img is None:
        continue
    img = cv.cvtColor(img, cv.COLOR_RGB2BGR)
    cv.imshow("image1", img)
    key_num = cv.waitKey(20)
    if key_num == ord("q"):
        break
camera.release()
cv.destroyAllWindows()
```

044

③ 定义比例系数获取函数　定义比例系数获取函数，比例系数的作用详细参见实验3，具体程序如下：

```python
import cv2 as cv
import numpy as np
import yaml
from jetcam.daheng_camera import DHCamera
# 相机参数文件路径
parameters_path = './ost.yaml'
skip_lines = 0
with open(parameters_path) as infile:
    for i in range(skip_lines):
        _ = infile.readline()
    data = yaml.load(infile, Loader=yaml.FullLoader)
mtx = data['camera_matrix']['data']
dist = data['distortion_coefficients']['data']
mtx = np.array(mtx, np.float64).reshape(3, 3)
dist = np.array(dist, np.float32).reshape(-1, 5)
def get_k_value(image, area=490.8):
    img = image.copy()
    img_hsv = cv.cvtColor(img, cv.COLOR_BGR2HSV)
    img_mask = cv.inRange(img_hsv, BOX_lower, BOX_upper)
cnts = cv.findContours(img_mask, cv.RETR_EXTERNAL,
cv.CHAIN_APPROX_SIMPLE)
    # 获取轮廓信息
    k_value = None
    for c in cnts[0]:
        area_target = cv.contourArea(c)
        if area_target > 12000:
            # 通过面积过滤轮廓
            k_value = area/area_target
    return k_value
BOX_lower = np.array([5, 5, 160])
BOX_upper = np.array([35, 55, 200])
camera = DHCamera(capture_device=1, gain=0.0, exposure_time=50000,
        balance_white={'RED': 1.55, 'GREEN': 1.0, 'BLUE': 1.44})
while True:
    img = camera.read()
    if img is None:
        continue
    img = cv.cvtColor(img, cv.COLOR_RGB2BGR)
    cv.imshow("image1", img)
    key_num = cv.waitKey(20)
```

机器视觉项目实战

```
    if key_num == ord("q"):
        break
camera.release()
cv.destroyAllWindows()
```

④ 图像处理 对图像进行处理，处理的原则为便于图像中主要元素的提取与计算，本步骤主要进行图像校正与分割，如图4-8所示为图像校正，如图4-9所示为二值化之后的图像，具体程序如下：

```
import cv2 as cv
import numpy as np
import yaml
from jetcam.daheng_camera import DHCamera
# 相机参数文件路径
parameters_path = './ost.yaml'
skip_lines = 0
with open(parameters_path) as infile:
    for i in range(skip_lines):
        _ = infile.readline()
    data = yaml.load(infile, Loader=yaml.FullLoader)
mtx = data['camera_matrix']['data']
dist = data['distortion_coefficients']['data']
mtx = np.array(mtx, np.float64).reshape(3, 3)
dist = np.array(dist, np.float32).reshape(-1, 5)
def get_k_value(image, area=490.8):
    img = image.copy()
    img_hsv = cv.cvtColor(img, cv.COLOR_BGR2HSV)
    img_mask = cv.inRange(img_hsv, BOX_lower, BOX_upper)
  cnts = cv.findContours(img_mask, cv.RETR_EXTERNAL,
                                cv.CHAIN_APPROX_SIMPLE)

    # 获取轮廓信息
    k_value = None
    for c in cnts[0]:
        area_target = cv.contourArea(c)
        if area_target > 12000:
            # 通过面积过滤轮廓
            k_value = area/area_target
    return k_value
BOX_lower = np.array([5, 5, 160])
BOX_upper = np.array([35, 55, 200])
camera = DHCamera(capture_device=1, gain=0.0, exposure_time=50000,
        balance_white={'RED': 1.55, 'GREEN': 1.0, 'BLUE': 1.44})
while True:
    img = camera.read()
```

```
    if img is None:
        continue
    img = cv.cvtColor(img, cv.COLOR_RGB2BGR)
    img = cv.undistort(img, mtx, dist)
    img_hsv = cv.cvtColor(img, cv.COLOR_BGR2HSV)
    img_mask = cv.inRange(img_hsv, BOX_lower, BOX_upper)
    cv.imshow("image1", img)
    key_num = cv.waitKey(20)
    if key_num == ord("q"):
        break
camera.release()
cv.destroyAllWindows()
```

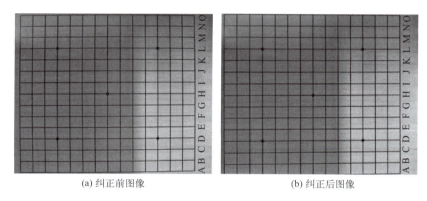

(a) 纠正前图像 (b) 纠正后图像

图 4-8 相机校正

图 4-9 图像二值化

⑤ 计算面积 对经过以上处理的图像进行面积计算，实验结果如图 4-10 所示，具体程序如下：

```
import cv2 as cv
import numpy as np
import yaml
from jetcam.daheng_camera import DHCamera
```

机器视觉项目实战

```python
# 相机参数文件路径
parameters_path = './ost.yaml'
skip_lines = 0
with open(parameters_path) as infile:
    for i in range(skip_lines):
        _ = infile.readline()
    data = yaml.load(infile, Loader=yaml.FullLoader)
mtx = data['camera_matrix']['data']
dist = data['distortion_coefficients']['data']
mtx = np.array(mtx, np.float64).reshape(3, 3)
dist = np.array(dist, np.float32).reshape(-1, 5)
def get_k_value(image, area=490.8):
    img = image.copy()
    img_hsv = cv.cvtColor(img, cv.COLOR_BGR2HSV)
    img_mask = cv.inRange(img_hsv, BOX_lower, BOX_upper)
    cnts = cv.findContours(img_mask, cv.RETR_EXTERNAL,
                            cv.CHAIN_APPROX_SIMPLE)
    # 获取轮廓信息
    k_value = None
    for c in cnts[0]:
        area_target = cv.contourArea(c)
        if area_target > 12000:
            # 通过面积过滤轮廓
            k_value = area/area_target
    return k_value
BOX_lower = np.array([5, 5, 160])
BOX_upper = np.array([35, 55, 200])
camera = DHCamera(capture_device=1, gain=0.0, exposure_time=50000,
        balance_white={'RED': 1.55, 'GREEN': 1.0, 'BLUE': 1.44})
while True:
    img = camera.read()
    if img is None:
            continue
    img = cv.cvtColor(img, cv.COLOR_RGB2BGR)
    img = cv.undistort(img, mtx, dist)
    img_hsv = cv.cvtColor(img, cv.COLOR_BGR2HSV)
    img_mask = cv.inRange(img_hsv, BOX_lower, BOX_upper)
    cnts = cv.findContours(img_mask, cv.RETR_EXTERNAL,
                            cv.CHAIN_APPROX_SIMPLE)
    # 获取轮廓信息
    for c in cnts[0]:
        area = cv.contourArea(c)
        if cv.contourArea(c) > 12000:
            M = cv.moments(c)
            rect = cv.minAreaRect(c)
```

```
            box = cv.boxPoints(rect)
            box = np.int0(box)
            # 画出来
            cv.drawContours(img, [box], 0, (0, 0, 255), 2)
            # 计算轮廓中心
            cx = int(M["m10"]/M["m00"])
            cy = int(M["m01"]/M["m00"])
            # 获取轮廓中心具体坐标
            area_real = area * k_value
            cv.putText(img, str(round(area_real, 2)), (cx, cy),
                       cv.FONT_HERSHEY_SIMPLEX, 1, (255, 0, 0), 2)
    cv.imshow("image1", img)
    key_num = cv.waitKey(20)
    if key_num == ord("q"):
        break
camera.release()
cv.destroyAllWindows()
```

图 4-10　面积测量结果

六、实验小结

通过本实验，我们学习了利用颜色检测原理进行果蔬成熟度检测的基本步骤。实验结果表明，果蔬的成熟度与其颜色之间存在一定的关系，可以通过颜色检测方法来判断果蔬的成熟度。然而，需要注意的是，不同类型的果蔬可能存在不同的成熟度与颜色的关系，因此在实际应用中需要进行针对性的研究和调整。

七、拓展实验

在工业生产中，要确保产品的高品质与一致性，离不开对产品尺寸的精准测量。图像识别技术在工业场景中应用广泛，可用于测量产品的面积，实现非接触式的快速测量，并

机器视觉项目实战

提供准确的测量结果。拓展实验旨在评估图像识别技术在工业环境中测量产品面积的有效性和可行性。

实验中样本可以是平面形状的产品，例如板材、印刷品、电子元件等，通过应用图像处理和算法分析，对样本的图像进行处理和测量。首先对样本的边界进行识别，然后通过相应的公式计算出面积。这种图像识别技术可以实现快速、准确的面积测量，避免了传统测量方法中可能存在的人为误差和不便之处。实验过程中的图像处理依旧是灰度化和二值化，最后在展示窗口的左上角显示面积的计算结果。

此处不给出具体步骤与程序，读者可根据实际需要调整和改写程序语句，自行尝试。此外，感兴趣的读者还可以尝试在面积测量实验中计算处理复杂图形的面积，进一步感受视觉处理的高效性和准确性（提示：只需要将实验程序中的面积计算语句更改为更适合该图形计算规律的公式即可）。

实验 4　面积测量

八、实验报告

院系：		课程名称：		日期：	
姓名：		学号：		班级：	
实验名称			成绩		

一、实验概览

1. 实验目的（请用一句话概括）

2. 关键词（列出几个关键词）

二、实验设备与环境

1. 硬件配置（计算机配置）

2. 软件环境

3. 环境设置（实验环境）

三、实验内容及步骤

（根据教材中的实验步骤，记录实际操作的过程）

四、实验现象与分析

1. 现象描述：

□标定结果验证正常

□面积测量结果正常

□程序运行正常

□其他（请说明）：_____

2. 相关的屏幕截图或代码修改

3. 问题清单（列出实验过程中遇到的问题，已解决的写出解决办法）

4. 创新点（描述实验中尝试的创新做法或不同于常规的方法）

五、原理探究

1. 描述相机标定的意义。

2. 描述本实验是如何实现面积检测的。

六、思考与讨论

尝试改变实验环境，如改变相机高度、相机焦距、环境光源等，进行无相机标定的测量实验，讨论两次实验的结果。

实验 5

颜色检测

颜色检测是指通过技术手段检测物体的颜色。颜色检测技术可以应用于多个领域，例如图像处理、机器人导航、农业生产等。在图像处理领域，颜色检测技术可以帮助检测并分离图像中的不同颜色区域，以进行后续处理和分析。在机器人导航领域，颜色检测技术可以帮助机器人检测不同颜色的标志和路线，以实现自主导航。在农业生产中，农产品的颜色是一个重要的指标，它能够反映出农产品的成熟度、品质和营养价值，因此，在农产品领域使用颜色检测技术已经成为一种趋势。

本实验采用工业视觉系统，通过编程调试控制相机拍摄待测物体的图片，编写程序将获取的图片进行颜色空间转换、阈值分割和图像融合等处理，最终根据预先设定好的标准判断不同果蔬的成熟度情况。

一、实验目的

（1）素养提升

① 能够通过颜色检测实验评估不同颜色空间的优缺点，选择和使用适合当前任务的方法，培养批判性思维。

② 能够通过自我学习的过程，培养终身学习意识和适应社会进步的能力。

（2）知识运用

① 能够辨识颜色空间的概念和原理。

② 能够阐明颜色检测在果蔬成熟度检测中的应用。

③ 能够明确使用颜色检测方法检测果树成熟度的基本步骤。

（3）能力训练

① 能够针对复杂的工程问题适时地选择合适的颜色空间进行转化。

② 能够在实验内容及步骤的指导下，独立完成操作，并能够进行实验调整与改进。

③ 理解并掌握颜色空间、图像预处理的原理与实验方法，并能在多场景中应用。

二、实验原理

果蔬成熟度检测通常使用颜色检测方法，颜色检测是通过图像处理和计算机视觉技术来分析和检测物体的颜色信息。在果蔬成熟度检测中，首先需要获取果蔬的图像，然后通过颜色检测算法来分析图像中果蔬的颜色特征。实验主要原理如下：

将预处理后的图像转换到合适的颜色空间，颜色空间又被称为色彩空间，是一种用来表示颜色的数学模型。常用的颜色空间包括 RGB（红绿蓝）、HSV（色相饱和度亮度）等。颜色空间可用于颜色的量化，并进一步用于定性和定量测定。

（1）GRAY

GRAY 颜色空间（灰度图像）通常指 8 位灰度图，具有 256 个灰度级。像素值的范围是 [0，255]，不同数值表示不同程度的灰色，像素值越低，灰色越深，0 表示纯黑色，255 表示纯白色。GARY 颜色空间为单通道，所以通常用二维数组表示一幅灰度图像。二值图像是只有 0 和 255 两种像素值的灰度图像。

（2）RGB

RGB 颜色空间是通过颜色匹配实验建立起来的颜色空间，图 5-1 所示为 RGB 颜色空间的模型。颜色匹配实验中选取三种不同的颜色，由这三种不同的颜色混合相加，能产生其他不同的任意颜色，这三种颜色称为三原色或者三基色，匹配某种颜色所需的三原色的量称为三刺激值。对于既定的三原色，每种颜色的三刺激值是唯一的，因此，可以用三原色的三刺激值作为三个维度构成颜色空间。一般来说，三原色是可以任意选定的，但必须遵守这样的原则：三原色中的任何一种颜色不能由其余两种颜色混合相加得到。通常最常用的三原色是红、绿、蓝，其构成的三维颜色空间称为 RGB 颜色空间。这个颜色空间模型建立于笛卡尔坐标系之上，以坐标的单位 1 建立颜色立方体，如图 5-1 所示，坐标原点（0，0，0）表示黑色，坐标点（1，1，1）表示白色。在该模型中，灰度等级沿着主对角线从原点的黑色到（1，1，1）的白色分布。在彩色图像处理学中，R、G、B 分别表示图像红、绿、蓝的亮度值，其大小限定在 0～1 或 1～255。

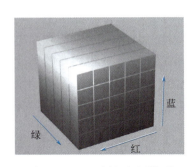

图 5-1　RGB 颜色空间模型

（3）CMYK 颜色空间

CMYK（cyan，magenta，yellow，black）颜色空间的模型如图 5-2 所示，该颜色空间应用于印刷工业，印刷业通过青（C）、品（M）、黄（Y）三原色油的不同网点面积率的叠印来表现丰富多彩的颜色和阶调，这便是三原色的 CMY 颜色空间。实际印刷中，一般采用青（C）、品（M）、黄（Y）、黑（K）四色印刷，在印刷的中间调至暗调增加黑版。当红绿蓝三原色被混合时，会产生白色，当混合蓝绿色、紫红色和黄色三原色时会产生黑色。CMYK 颜色空间是和设备或者是印刷过程相关的，包括工艺方法、油墨的特性、纸张的特性等，不同的条件有不同的印刷结果，所以 CMYK 颜色空间称为与设备有关的表色空间。而且，CMYK 具有多值性，也就是说对同一种具有相同绝对色度的颜色，在相同的印刷过程前提下，可以用多种 CMYK 数字组合来表示和印刷出来。这种特性给颜色管理带来了很多麻烦，同样也给控制带来了很多的灵活性。在印刷过程中，必然要经过一个分色的过程，所谓分色就是将计算机中使用的 RGB 颜色转换成印刷使用的 CMYK 颜色。在转换过程中存在着两个复杂的问题，其一是这两个颜色空间在表现颜色的范围上不完全一样，RGB 的色域较大而 CMYK 较小，因此就要进行色域压缩；其二是这两个颜色空间都是和具体的设备相关的，颜色本身没有绝对性，此问题可通过一个与设备无关的颜色空间来进行转换解决。

（4）HSV 颜色空间

HSV（hue，saturation，value）颜色空间的模型如图 5-3 所示。对应于圆柱坐标系中的一个圆锥形子集，圆锥的顶面对应于 V=1。色彩 H 由绕 V 轴的旋转角给定，红色对应于角度 0°，绿色对应于角度 120°，蓝色对应于角度 240°。在 HSV 颜色空间中，每一种颜色和它的补色相差 180°。饱和度 S 取值从 0 到 1，所以圆锥顶面的半径为 1。HSV 颜色空间中饱和度为百分之百的颜色，其纯度一般小于百分之百。在圆锥的顶点（即原点）处，V=0，H 和 S 无定义，代表黑色。圆锥的顶面中心处 S=0，V=1，H 无定义，代表白色。从该点到原点代表亮度渐暗的灰色，即具有不同灰度的灰色。对于这些点，S=0，H 无定义。可以说，HSV 颜色空间中的 V 轴对应于 RGB 颜色空间中的主对角线。在圆锥顶面的圆周上的颜色，V=1，S=1，这种颜色是纯色。HSV 颜色空间跟画家配色的方法相似。画家用改变色浓和色深的方法从某种纯色获得不同色调的颜色，在一种纯色中加入白色以改变色浓，加入黑色以改变色深，同时加入不同比例的白色、黑色，即可获得各种不同的色调。

图 5-2 CMYK 颜色空间模型　　　　图 5-3 HSV 颜色空间模型

本实验利用颜色空间检测原理实现果蔬成熟度的自动检测和分析。这种方法不依赖于人眼的主观判断，具有较高的准确性和可靠性，可以提高果蔬产量的质量和效率。

三、实验内容及流程

因为在视觉检测时，颜色的区间受环境光影响较大，所以本实验需要先执行程序从 config.ini 文件分别获取黄色和绿色的 HSV 区间的上下限，以便于筛选颜色，然后再运行颜色检测程序。获取颜色空间和颜色检测的具体实验流程分别如图 5-4 与图 5-5 所示。

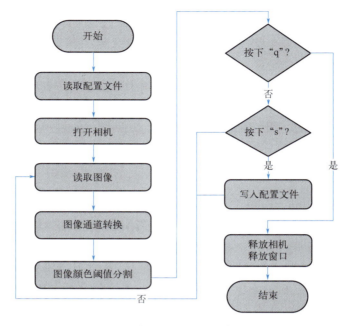

图 5-4　获取 config.ini 文件流程

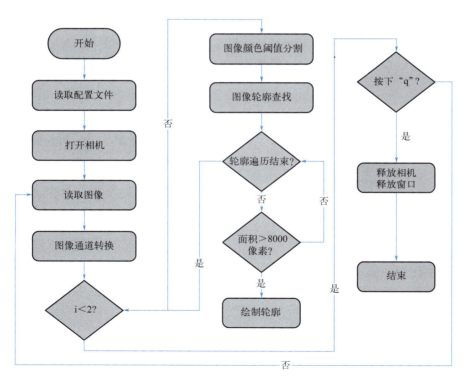

图 5-5　颜色检测流程

四、实验仪器及材料

根据上述实验内容，本实验所用的主要实验设备与物料清单见表 5-1。

表 5-1　实验仪器及材料

设备 / 物料	设备 / 物料示例	设备数量
视觉检测平台	QC-9KT	1 台
果蔬	橘子	若干

五、实验步骤

（1）获取颜色区间

① 新建文件，输入获取和保存图像的程序，该步骤主要为观察当前实验环境下相机是否能获取到清晰的图像，以便后续实验的正常进行，具体程序参见实验 1。

② 编写程序创建调整 HSV 参数的滑块窗口，通过滑动滑块获取不同的 HSV 参数上下限，以此达到获取颜色的最佳效果，如图 5-6 所示。具体程序如下：

```python
import cv2 as cv
import numpy as np
from jetcam.daheng_camera import DHCamera
def nothing(x):
    pass
camera = DHCamera(capture_device=1, gain=0.0, exposure_time=50000,
                  balance_white={'RED': 1.55, 'GREEN': 1.0, 'BLUE': 1.44})
# 创建滑块
cv.namedWindow('Track', cv.WINDOW_KEEPRATIO)
cv.createTrackbar('H_Min', 'Track', 0, 180, nothing)
cv.createTrackbar('H_Max', 'Track', 180, 180, nothing)
cv.createTrackbar('S_Min', 'Track', 0, 255, nothing)
cv.createTrackbar('S_Max', 'Track', 255, 255, nothing)
cv.createTrackbar('V_Min', 'Track', 0, 255, nothing)
cv.createTrackbar('V_Max', 'Track', 255, 255, nothing)
while True:
    img = camera.read()
    if img is None:
        continue
    img = cv.cvtColor(img, cv.COLOR_RGB2BGR)
    cv.imshow("image1", img)
    img_hsv = cv.cvtColor(img, cv.COLOR_BGR2HSV)
    # 获取滑块的值
    H_Min = cv.getTrackbarPos('H_Min', 'Track')
```

```python
    S_Min = cv.getTrackbarPos('S_Min', 'Track')
    V_Min = cv.getTrackbarPos('V_Min', 'Track')
    H_Max = cv.getTrackbarPos('H_Max', 'Track')
    S_Max = cv.getTrackbarPos('S_Max', 'Track')
    V_Max = cv.getTrackbarPos('V_Max', 'Track')
    hsv_lower = np.array([H_Min, S_Min, V_Min])
    hsv_upper = np.array([H_Max, S_Max, V_Max])
    # 设置HSV参数下限与上限
    img_mask = cv.inRange(img_hsv, hsv_lower, hsv_upper)
    img_res = cv.bitwise_and(img, img, mask=img_mask)
    cv.imshow("image3", img_mask)
    cv.imshow("image4", img_res)
    key_num = cv.waitKey(20)
    if key_num == ord("q"):
        break
camera.release()
cv.destroyAllWindows()
```

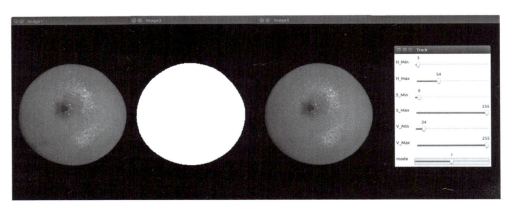

图 5-6　调整 HSV 参数

③ 滑块窗口的最后一行为"mode",写为 cv.createTrackbar ('mode', 'Track', 0, 2, nothing),当滑块为"0"时不保存任何颜色区间,当滑块为"1"时保存黄色的颜色区间,当滑块为"2"时保存绿色的颜色区间,每次获取的颜色区间需要分别在 mode=1 时调整 HSV 滑块读取黄色颜色空间并保存为配置文件和 mode=2 时调整 HSV 滑块读取绿色颜色空间并保存为配置文件,具体程序如下:

```python
import cv2 as cv
import numpy as np
from jetcam.daheng_camera import DHCamera
# 导入解析配置文件模块
import configparser
config = configparser.ConfigParser()  # 类实例化
# 定义配置文件路径
```

```python
path = './config.ini'
# 读取配置文件
config.read(path)
def nothing(x):
    pass
config['default']={'yellow_hsv': 'None', 'green_hsv': 'None'}
camera = DHCamera(capture_device=1, gain=0.0, exposure_time=50000,
                  balance_white={'RED': 1.55, 'GREEN': 1.0, 'BLUE': 1.44})
# 创建滑块1
cv.namedWindow('Track', cv.WINDOW_KEEPRATIO)
cv.createTrackbar('H_Min', 'Track', 0, 180, nothing)
cv.createTrackbar('H_Max', 'Track', 180, 180, nothing)
cv.createTrackbar('S_Min', 'Track', 0, 255, nothing)
cv.createTrackbar('S_Max', 'Track', 255, 255, nothing)
cv.createTrackbar('V_Min', 'Track', 0, 255, nothing)
cv.createTrackbar('V_Max', 'Track', 255, 255, nothing)
# 0: 不做处理 1: 黄色 2: 绿色
cv.createTrackbar('mode', 'Track', 0, 2, nothing)
while True:
    img = camera.read()
    if img is None:
        continue
    img = cv.cvtColor(img, cv.COLOR_RGB2BGR)
    cv.imshow("image1", img)
    img_hsv = cv.cvtColor(img, cv.COLOR_BGR2HSV)
    # 获取滑块的值
    H_Min = cv.getTrackbarPos('H_Min', 'Track')
    S_Min = cv.getTrackbarPos('S_Min', 'Track')
    V_Min = cv.getTrackbarPos('V_Min', 'Track')
    H_Max = cv.getTrackbarPos('H_Max', 'Track')
    S_Max = cv.getTrackbarPos('S_Max', 'Track')
    V_Max = cv.getTrackbarPos('V_Max', 'Track')
    mode = cv.getTrackbarPos('mode', 'Track')
    hsv_lower = np.array([H_Min, S_Min, V_Min])
    hsv_upper = np.array([H_Max, S_Max, V_Max])
    # 设置HSV参数下限与上限
    img_mask = cv.inRange(img_hsv, hsv_lower, hsv_upper)
    img_res = cv.bitwise_and(img, img, mask=img_mask)
    cv.imshow("image3", img_mask)
    cv.imshow("image4", img_res)
    key_num = cv.waitKey(20)
    if key_num == ord("q"):
        break
    elif key_num == ord("s"):
        if mode == 1:
```

```
                if not config['default'] :
                    with open('config.ini', 'w') as cfg:
                        config.write(cfg)
                config['default']['yellow_hsv'] = str(
                    list([H_Max, S_Max, V_Max, H_Min, S_Min, V_Min]))
            if mode == 2:
                if not config['default'] :
                    with open('config.ini', 'w') as cfg:
                        config.write(cfg)
                config['default']['green_hsv'] = str(
                    list([H_Max, S_Max, V_Max, H_Min, S_Min, V_Min]))
        # 数据写入配置文件
        config.write(open(path, 'w'))
camera.release()
cv.destroyAllWindows()
```

图 5-7 所示为在保存配置文件时只在 mode=1 的情况下保存了黄色的颜色区间，因此在颜色识别时只能识别出黄色的橘子。图 5-8 所示为在保存配置文件时只在 mode=2 的情况下保存了绿色的颜色区间，因此在颜色识别时只能识别出绿色的橘子。图 5-9 所示为在保存配置文件时 mode=0，此模式下不保存任何颜色区间，因此不能识别出任何颜色。图 5-10 所示为正常保存了两种颜色区间的识别结果。

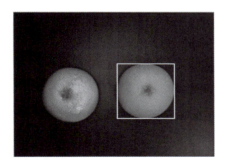
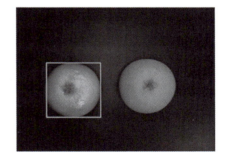

图 5-7　mode=1 识别结果　　　　　　图 5-8　mode=2 识别结果

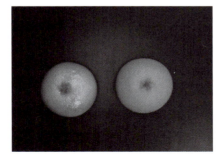
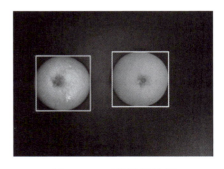

图 5-9　mode=0 识别结果　　　　　　图 5-10　正常识别结果

实验 5　颜色检测

（2）获取颜色区间

① 在获取和保存该环境光源下最佳的颜色区间文件后，再次新建文件，输入获取和保存图像程序，具体程序参见实验 1。若本实验过程中未移动设备位置及调节灯光等，亦可在第一步验证相机无任何问题后省略该步骤。

② 设置目标颜色区间，进行图像阈值分割，最后将检测的结果用不同颜色的矩形框框出，如图 5-11 所示。具体程序如下，其中第 7、8 行程序为黄色颜色区间和绿色颜色区间，两区间的大致阈值可从配置文件调整 HSV 的滑块时读取。

```python
import cv2 as cv
import numpy as np
from jetcam.daheng_camera import DHCamera
camera = DHCamera(capture_device=1, gain=0.0, exposure_time=50000,
                  balance_white={'RED': 1.55, 'GREEN': 1.0, 'BLUE': 1.44})
# 设置两个颜色区间
yellow_threshold = [180, 255, 255, 6, 121, 204]
green_threshold = [106, 228, 221, 30, 30, 51]
threshold_list = [yellow_threshold, green_threshold]
# 设置两个包围框的颜色(黄绿)
color = [(0, 255, 255), (0, 255, 0)]
while True:
    img = camera.read()
    if img is None:
        continue
    img = cv.cvtColor(img, cv.COLOR_RGB2BGR)
    hsv_image = cv.cvtColor(img, cv.COLOR_BGR2HSV)
    # 遍历黄绿两个阈值
    for i in range(2):
        up_ = np.array(threshold_list[i][: 3])
        lower_ = np.array(threshold_list[i][-3: ])
        # 阈值分割
        mask = cv.inRange(hsv_image, lower_, up_)
# 轮廓查找
        cnts=cv.findContours(mask, cv.RETR_EXTERNAL, cv.CHAIN_APPROX_NONE)
        # 遍历轮廓
        for c in cnts[0]:
            # 轮廓面积计算(像素)
            area_img = abs(cv.contourArea(c, True))
            # 过滤小轮廓
            if area_img > 8000:
                # 绘制包围矩形
                x, y, w, h = cv.boundingRect(c)
                cv.rectangle(img, (x, y), (x+w, y+h), color[i], 2)
    cv.imshow("image1", img)
    key_num = cv.waitKey(20)
```

061

```
    if key_num == ord("q"):
        break
camera.release()
cv.destroyAllWindows()
```

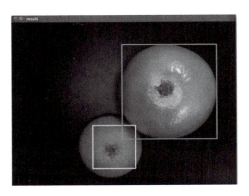

图 5-11　果蔬成熟度检测结果

六、实验小结

本实验学习利用颜色检测原理进行果蔬成熟度检测的方法。实验结果表明，果蔬的成熟度与其颜色之间存在一定的关系，可以通过颜色检测方法来判断果蔬的成熟度。然而，需要注意的是，不同类型的果蔬可能存在不同的成熟度与颜色的关系，因此在实际应用中需要进行针对性的研究和调整。

七、拓展实验

在工业生产中，颜色识别在产品分类和分拣中扮演着关键的角色，通过自动化和高效的颜色识别技术，可以实现对不同颜色的产品进行准确分类，提高生产效率和产品质量。

按照上述基础实验的具体内容与步骤讲解，我们可以尝试进行拓展实验：评估图像识别技术在颜色分类准确性和效率方面的优势，以及测试不同光照条件、背景干扰、产品形状和大小等对颜色识别的影响。如可以使用黄色六角螺母或绿色的齿轮作为待测物品，处理过程中首先需要对获取的图像进行灰度化，然后通过颜色识别程序识别物体颜色，最终将识别结果显示在图像窗口上。此处不给出具体步骤与程序，读者可根据实际需要调整和改写程序语句，自行尝试。此外，感兴趣的读者还可尝试同一张图像上不同区域颜色的识别，即同时检测多种颜色的实验。

实验 5　颜色检测

八、实验报告

院系：		课程名称：		日期：	
姓名：		学号：		班级：	
实验名称			成绩		

一、实验概览

1. 实验目的（请用一句话概括）

2. 关键词（列出几个关键词）

二、实验设备与环境

1. 硬件配置（计算机配置）

2. 软件环境

3. 环境设置（实验环境）

三、实验内容及步骤

（根据教材中的实验步骤，记录实际操作的过程）

四、实验现象与分析

1. 现象描述：

□颜色空间转换

□颜色识别结果

□程序运行正常

□其他（请说明）：＿＿＿＿＿＿＿＿＿＿＿＿＿＿＿＿

2. 相关的屏幕截图或代码修改

3. 问题清单（列出实验过程中遇到的问题，已解决的写出解决办法。）

4. 创新点（描述实验中尝试的创新做法或不同于常规的方法。）

五、原理探究

1. 请描述 3 种常见的颜色空间及其常用场景。

2. 请例举一种颜色空间转换及转换后的现象。

六、思考与讨论

滤波的种类多样，请查阅相关资料结合本实验中的介绍，整理出不同的滤波方法各有何优缺点及其适用的场景。

实验 6

缺陷检测

缺陷检测是指利用图像处理技术、机器学习算法等对产品进行质量检测。缺陷检测应用广泛，在电子制造业用于检测印刷电路板（PCB）上的缺陷，如电路连接不良、短路等；在纺织和服装业中用于检测织物、纱线等的缺陷，如断纱、毛斑等；在农业领域，通过缺陷检测技术，可以对农产品的种植、收割和分类等环节进行监测，提高农业生产的自动化水平和质量标准。缺陷检测的意义在于帮助提高产品质量、确保安全生产，最终降低质量问题给企业和消费者带来的经济损失。通过自动化的缺陷检测，可以实现更高效、准确的检测，提高生产效率，并避免不良产品流入市场。

本实验采用工业视觉系统，在实验平台上通过编程让相机拍摄果蔬的图片，将获取的图片与样品进行比较，检测果蔬是否存在质量不过关（腐烂、不完整等）的问题，以此剔除不合格产品。

一、实验目的

（1）素养提升

① 能够基于缺陷检测实验培养数据分析能力，学会图像中分类与识别的应用。
② 能够通过团队合作和项目式学习解决实验中遇到的问题，锻炼协作能力。

（2）知识运用

① 能够明确灰度直方图的概念和原理。
② 能够阐明卡方检测在果蔬质量检测中的应用。
③ 能够熟练使用缺陷检测方法检测物品表面缺陷的基本步骤。

（3）能力训练

① 能够针对复杂的工程问题适时地测出不同情景下的卡方并更改程序检测的方法。
② 能够在实验内容及步骤的指导下，独立完成操作，并能够进行实验调整与改进。
③ 学会如何设计实验、收集数据、分析数据并得出结论。

二、实验原理

(1) 灰度直方图

灰度直方图是反映一幅图像中各灰度级像素出现的频率与灰度级像素的关系的图表。具体来说，它以灰度级像素为横坐标，频率为纵坐标，绘制频率同灰度级的关系图像就是一幅灰度图像的直方图。简单地说，就是把一幅图像中每一个像素出现的次数都先统计出来，然后把每一个像素出现的次数除以总的像素个数，得到的就是这个像素出现的频率，然后再把像素与该像素出现的频率用图表示出来，灰度图与其对应的灰度直方图如图 6-1 所示。

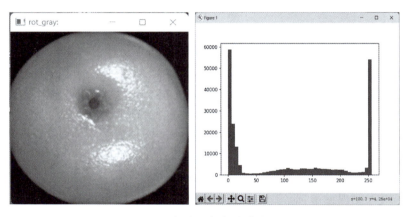

图 6-1　灰度图与灰度直方图

(2) 提取灰度直方图

在 OpenCV 中，提取直方图的函数是 cv2.calcHist。该函数包括的参数见表 6-1。

表 6-1　函数 cv2.calcHist 的各参数及含义

序号	参数名称	参数含义
1	images	输入图像的列表，如果有多幅图像，则列表中有多个元素
2	channels	需要处理通道的列表，如灰度图的值是 [0]，彩色图可以是 [0][1][2]，它分别对应着 BGR
3	mask	掩模图像，用于计算图像的特定区域的直方图
4	histSize	BIN 的数目，即直方图的柱状数目
5	ranges	每个通道的像素值范围，即每个通道的像素值的上下界
6	hist	输出直方图，是一个数组，其大小由 histSize 决定
7	dims	图像的维度，通常为 1 或 2
8	uniform	是否使用均匀分布的直方图，默认为 true
9	accumulate	是否累积直方图，默认为 false

cv2.calcHist 函数的实现原理是基于图像的像素强度分布。首先，将每个通道的像素值范围划分为若干个 BIN，然后统计每个 BIN 中的像素数量，从而得到直方图。如果指定了掩模图像，则只计算掩模图像覆盖区域的像素强度分布。如果使用均匀分布的直方图，则将像素值范围均匀地划分为若干个 BIN；如果使用非均匀分布的直方图，则根据指定的范围计算直方图。累积直方图是将多个图像的直方图累积起来得到的结果。

需要注意的是，在使用 cv2.calcHist 函数时，需要保证输入图像的大小和数据类型一致，否则可能会导致错误的结果。另外，在计算直方图时，需要指定正确的通道索引和像素值范围，否则也可能会导致错误的结果。

（3）卡方

卡方（Chi-Square）是一种统计学方法，主要用于检验两个分类变量之间是否存在显著关系。其基本思想是根据样本数据推断总体的频次与期望频次是否有显著性差异。卡方检验可用于多种场合，例如适合度检验、独立性检验等。在进行卡方检验时，通常需要构建两个数据表，一个是实际观测值表格，另一个是理论预期值表格。然后，根据实际观测值和理论预期值计算卡方值，并进行显著性检验。如果卡方值大于临界值，则认为实际观测数据与理论预期数据存在显著差异，即两个分类变量之间可能存在关联性；如果卡方值小于临界值，则认为实际观测数据与理论预期数据没有显著差异，即两个分类变量之间可能没有关联性。

三、实验内容及流程

实验主要步骤包括准备样品、使用表面缺陷检测设备对果蔬表面进行扫描、获取图像、进行图像处理和分析，实验具体流程如图 6-2 所示。图 6-3 为实验中需要自定义函数的流程图。

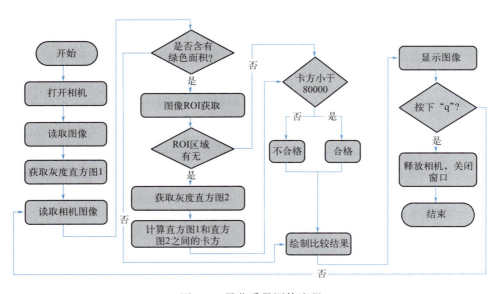

图 6-2 果蔬质量评估流程

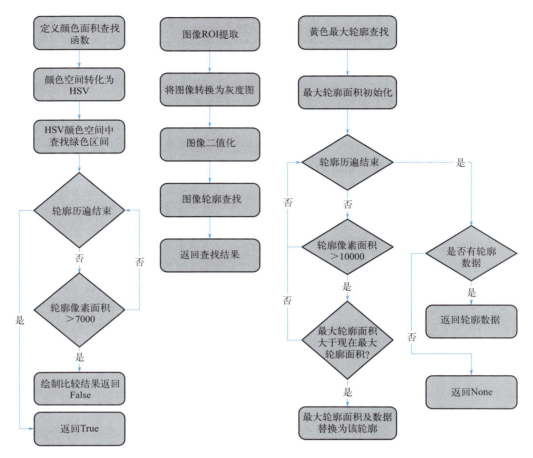

图 6-3　自定义函数流程

四、实验仪器及材料

根据上述实验内容，本实验所用的主要实验设备与辅助器具清单见表 6-2。

表 6-2　实验设备与辅助器具清单

设备/物料	设备/物料示例	设备数量
视觉识别平台	QC-9KT	1台
果蔬	橘子	若干

五、实验步骤

(1) 打开相机获取图像

新建文件，输入获取和保存图像的程序，获取和保存果蔬图像，具体程序及过程参见实验1。

（2）定义预处理函数

实验中判断样品果蔬是否成熟的标志是绿色面积，需要将待测对象所有的绿色区域提取出来，找到绿色区域的最大轮廓并转换成卡方，跟完全成熟只有黄色区域的卡方进行对比，若卡方之差的绝对值超出预定范围则判断为不合格并在窗口上显示"FAIL"字样表示淘汰绿色未成熟橘子，如图6-4所示。若放置的为黄色橘子如图6-5所示，则需进一步判断是否有缺陷。以上功能通过定义函数实现，具体实验程序如下所示：

```python
# 导入必要库
import cv2 as cv
import numpy as np
from jetcam.daheng_camera import DHCamera
def pre_image_y(img):
    """ 图片预处理函数，切割出识别物体 """
    temp = img.copy()
    hsv_image = cv.cvtColor(temp, cv.COLOR_BGR2HSV)
    up_ = np.array(yellow_hsv[:3])
    lower_ = np.array(yellow_hsv[-3:])
    mask = cv.inRange(hsv_image, lower_, up_)
    cnts = cv.findContours(mask, cv.RETR_EXTERNAL,
                           cv.CHAIN_APPROX_SIMPLE)  # 提取轮廓
    return cnts
def pre_image_g(img):
    """ 查找图片内是否含有绿色面积 """
    temp = img.copy()
    hsv_image = cv.cvtColor(temp, cv.COLOR_BGR2HSV)
    up_ = np.array(green_hsv[:3])
    lower_ = np.array(green_hsv[-3:])
    mask = cv.inRange(hsv_image, lower_, up_)
    cnts = cv.findContours(mask, cv.RETR_EXTERNAL,
                           cv.CHAIN_APPROX_SIMPLE)  # 提取轮廓
    cnt = None
    cnt = None
    for c in cnts[0]:
        area = cv.contourArea(c)
        if area > 7000:  # 筛掉绿色的
            detect = "FAIL"
            cv.putText(img, "result: "+str(detect), (25, 25),
                       cv.FONT_HERSHEY_SIMPLEX, 0.5, (255, 0, 0), 2)
            return False
def find_max_contours(cnts):
    """找到最大轮廓"""
```

```python
        max_area = 0
        cnt = None
        for c in cnts[0]:
            area = cv.contourArea(c)
            if area < 10000:  # 筛掉太小的轮廓
                continue
            if area > max_area:
                cnt = c
                max_area = area
        if cnt is None:
            return False, None
        return True, cnt
def extract_ROI(image):
        # 截取目标区域
        img = image.copy()
        cnts = pre_image_y(img)
        res, cnt = find_max_contours(cnts)
        roi = None
        if res:
            x, y, w, h = cv.boundingRect(cnt)
            # 截取图像
            roi = image[y: y+h, x: x+w]
        return roi
# 创建大恒相机对象
camera = DHCamera(capture_device=1, gain=0.0, exposure_time=50000,
                  balance_white={'RED': 1.55, 'GREEN': 1.0, 'BLUE': 1.44}
while True:
    # 读取一帧图像
    img = camera.read()
    if img is None:
        continue
    # 图像颜色通道转换
    img = cv.cvtColor(img, cv.COLOR_RGB2BGR)
    # 显示图像
    cv.imshow("image1", img)
    key_num = cv.waitKey(20)
    # 按"q"退出，按"s"保存
    if key_num == ord("q"):
        break
# 释放相机
camera.release()
# 关闭所有窗口
cv.destroyAllWindows()
```

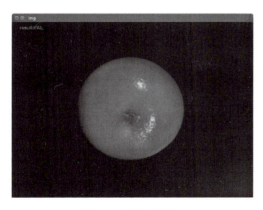
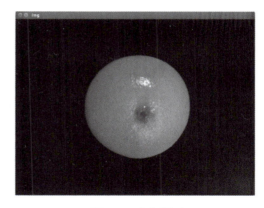

图 6-4　绿色橘子　　　　　　　　图 6-5　黄色橘子

（3）提取样品图像灰度直方图

提取样品图像灰度直方图，计算样品图像的卡方值。放置黄色的橘子如图 6-5 所示，用 print（match3）在窗口打印出黄色对应的卡方如图 6-6 所示，具体实验程序如下所示：

```
# 导入必要库
import cv2 as cv
import numpy as np
from jetcam.daheng_camera import DHCamera
yellow_hsv = [180, 255, 255, 6, 121, 204]
green_hsv = [106, 228, 221, 30, 30, 51]
def pre_image_y(img):
    """ 图片预处理函数，切割出识别物体 """
    temp = img.copy()
    hsv_image = cv.cvtColor(temp, cv.COLOR_BGR2HSV)
    up_ = np.array(yellow_hsv[:3])
    lower_ = np.array(yellow_hsv[-3:])
    mask = cv.inRange(hsv_image, lower_, up_)
    cnts = cv.findContours(mask, cv.RETR_EXTERNAL,
                        cv.CHAIN_APPROX_SIMPLE)    # 提取轮廓
    return cnts
def pre_image_g(img):
    """ 查找图片内是否含有绿色面积 """
    temp = img.copy()
    hsv_image = cv.cvtColor(temp, cv.COLOR_BGR2HSV)
    up_ = np.array(green_hsv[:3])
    lower_ = np.array(green_hsv[-3:])
    mask = cv.inRange(hsv_image, lower_, up_)
    cnts = cv.findContours(mask, cv.RETR_EXTERNAL,
                        cv.CHAIN_APPROX_SIMPLE)    # 提取轮廓
    cnt = None
    cnt = None
```

机器视觉项目实战

```python
        for c in cnts[0]:
            area = cv.contourArea(c)
            if area > 7000:                 # 筛掉绿色的
                detect = "FAIL"
                cv.putText(img, "result: "+str(detect), (25, 25),
                        cv.FONT_HERSHEY_SIMPLEX, 0.5, (255, 0, 0), 2)
                return False
    def find_max_contours(cnts):
        """找到最大轮廓"""
        max_area = 0
        cnt = None
        for c in cnts[0]:
            area = cv.contourArea(c)
            if area < 10000:                # 筛掉太小的轮廓
                continue
            if area > max_area:
                cnt = c
                max_area = area
        if cnt is None:
            return False, None
        return True, cnt
    def extract_ROI(image):
        # 截取目标区域
        img = image.copy()
        cnts = pre_image_y(img)
        res, cnt = find_max_contours(cnts)
        roi = None
        if res:
            x, y, w, h = cv.boundingRect(cnt)
            # 截取图像
            roi = image[y: y+h, x: x+w]
        return roi
    # 创建大恒相机对象
    camera = DHCamera(capture_device=1, gain=0.0, exposure_time=50000,
                    balance_white={'RED': 1.55, 'GREEN': 1.0, 'BLUE': 1.44}
    img_sample = cv.imread("./images/fresh.png")                # 读取图片
    hist1 = cv.calcHist([img_sample], [0], None, [256], [0, 256])  # 灰度直方图
    while True:
        # 读取一帧图像
        img = camera.read()
        if img is None:
            continue
        # 图像颜色通道转换
        img = cv.cvtColor(img, cv.COLOR_RGB2BGR)
    ret = pre_image_g(img)
```

072

```
if ret is True:
    rot = extract_ROI(img)
    if rot is not None:
        hist2 = cv.calcHist([rot], [0], None, [256], [0, 256])
                                                            # 灰度直方图
        match1 = cv.compareHist(hist1, hist2,
                                cv.HISTCMP_BHATTACHARYYA)
                                                            # 返回巴氏距离
        match2 = cv.compareHist(hist1, hist2, cv.HISTCMP_CORREL)    # 返回相关性
        match3 = cv.compareHist(hist1, hist2, cv.HISTCMP_CHISQR)    # 返回卡方
        print(match3)
    # 显示图像
    cv.imshow("image1", img)
    key_num = cv.waitKey(20)
    # 按"q"退出，按"s"保存
    if key_num == ord("q"):
        break
# 释放相机
camera.release()
# 关闭所有窗口
cv.destroyAllWindows()
```

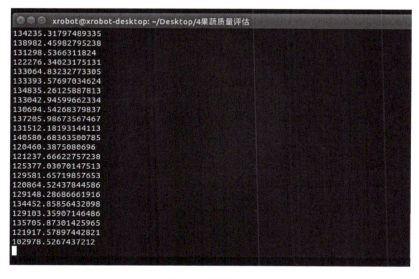

图 6-6　打印卡方

（4）直方图对比

通过调用自定义函数将获取的待测物品的图像进行处理，再根据前一步获取的样品卡方修改程序，如若放置的是无缺陷的黄色橘子，窗口左上角的结果为"PASS"，如图 6-7 所示。如若放置的是绿色的橘子，则显示"FAIL"，如图 6-8 所示。如若放置

机器视觉项目实战

的是有缺陷的黄橘子，则同样显示"FAIL"，如图6-9所示。如若此处用来判断是否为有缺陷的卡方未根据所获实际场景来设定将会出现判断失误的情况，如图6-10所示。具体实验程序如下：

```python
# 导入必要库
import cv2 as cv
import numpy as np
from jetcam.daheng_camera import DHCamera
yellow_hsv = [180, 255, 255, 6, 121, 204]
green_hsv = [106, 228, 221, 30, 30, 51]
def pre_image_y(img):
    """ 图片预处理函数，切割出识别物体 """
    temp = img.copy()
    hsv_image = cv.cvtColor(temp, cv.COLOR_BGR2HSV)
    up_ = np.array(yellow_hsv[:3])
    lower_ = np.array(yellow_hsv[-3:])
    mask = cv.inRange(hsv_image, lower_, up_)
    cnts = cv.findContours(mask, cv.RETR_EXTERNAL,
                        cv.CHAIN_APPROX_SIMPLE)    # 提取轮廓
    return cnts
def pre_image_g(img):
    """ 查找图片内是否含有绿色面积 """
    temp = img.copy()
    hsv_image = cv.cvtColor(temp, cv.COLOR_BGR2HSV)
    up_ = np.array(green_hsv[:3])
    lower_ = np.array(green_hsv[-3:])
    mask = cv.inRange(hsv_image, lower_, up_)
    cnts = cv.findContours(mask, cv.RETR_EXTERNAL,
                        cv.CHAIN_APPROX_SIMPLE)    # 提取轮廓
    cnt = None
    cnt = None
    for c in cnts[0]:
        area = cv.contourArea(c)
        if area > 7000:                                   # 筛掉绿色的
            detect = "FAIL"
            cv.putText(img, "result: "+str(detect), (25, 25),
                    cv.FONT_HERSHEY_SIMPLEX, 0.5, (255, 0, 0), 2)
            return False
def find_max_contours(cnts):
    """找到最大轮廓"""
    max_area = 0
    cnt = None
    for c in cnts[0]:
        area = cv.contourArea(c)
        if area < 10000:                               # 筛掉太小的轮廓
```

074

```python
            continue
        if area > max_area:
            cnt = c
            max_area = area
    if cnt is None:
        return False, None
    return True, cnt
def extract_ROI(image):
    # 截取目标区域
    img = image.copy()
    cnts = pre_image_y(img)
    res, cnt = find_max_contours(cnts)
    roi = None
    if res:
        x, y, w, h = cv.boundingRect(cnt)
        # 截取图像
        roi = image[y: y+h, x: x+w]
    return roi
# 创建大恒相机对象
camera = DHCamera(capture_device=1, gain=0.0, exposure_time=50000,
                  balance_white={'RED': 1.55, 'GREEN': 1.0, 'BLUE': 1.44}
img_sample = cv.imread("./images/fresh.png")                    # 读取图片
hist1 = cv.calcHist([img_sample], [0], None, [256], [0, 256])  # 灰度直方图
while True:
    # 读取一帧图像
    img = camera.read()
    if img is None:
        continue
    # 图像颜色通道转换
    img = cv.cvtColor(img, cv.COLOR_RGB2BGR)
ret = pre_image_g(img)
if ret is True:
    rot = extract_ROI(img)
    if rot is not None:
        hist2 = cv.calcHist([rot], [0], None, [256], [0, 256])  # 灰度直方图
        match1 = cv.compareHist(hist1, hist2,
                                cv.HISTCMP_BHATTACHARYYA)       # 返回巴氏距离
        match2 = cv.compareHist(hist1, hist2, cv.HISTCMP_CORREL)
                                                                # 返回相关性
        match3 = cv.compareHist(hist1, hist2, cv.HISTCMP_CHISQR)
                                                                # 返回卡方
if match3 < 120000:          # 卡方小于120000为合格，反之为不合格
            detect = "PASS"
    else:
            detect = "FAIL"
```

```
            cv.putText(img, "result: "+str(detect), (25, 25),
                        cv.FONT_HERSHEY_SIMPLEX, 0.5, (255, 0, 0), 2)
            cv.imshow("Detect: ", rot)          # 显示绘制后的图片
            cv.imshow("R", rot[:, :, 0])        # 显示red通道的图片
            cv.imshow("G", rot[:, :, 1])        # 显示green通道的图片
            cv.imshow("B", rot[:, :, 2])        # 显示blue通道的图片
    # 显示图像
    cv.imshow("image1", img)
    key_num = cv.waitKey(20)
    # 按"q"退出, 按"s"保存
    if key_num == ord("q"):
        break
# 释放相机
camera.release()
# 关闭所有窗口
cv.destroyAllWindows()
```

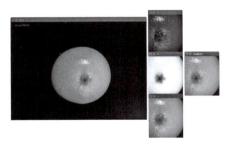

图 6-7　无缺陷黄橘子

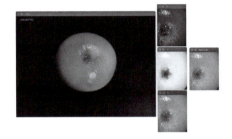

图 6-8　绿橘子

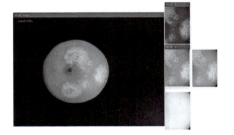

图 6-9　有缺陷黄橘子

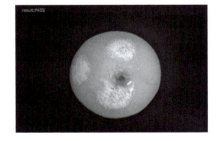

图 6-10　判断失误结果

六、实验小结

本实验利用表面缺陷检测技术对果蔬的质量进行评估，通过检测果蔬表面的缺陷，快速、准确地评估其质量，并区分出有缺陷和无缺陷的果蔬。实验结果表明，表面缺陷检测技术能够有效地检测果蔬表面的缺陷，如破损、划伤、凹陷等。通过图像处理和分析，可以对缺陷进行定量评估，如缺陷的大小、深度和数量等。

实验中可能遇到的主要问题是图像质量和缺陷检测的准确性。图像质量的好坏直接影响到缺陷检测的准确性，因此，在实际应用中，需要确保采集到的图像清晰、光照均匀，以提高检测结果的可靠性。

此外，选择合适的图像处理和分析算法也对实验结果的准确性和可靠性起到重要作用。在实验中，可以根据具体需求选择合适的算法，如边缘检测、形态学处理等。

总的来说，本次实验成功地展示了利用表面缺陷检测进行果蔬质量评估的方法，并提供了一种快速、准确的方式来评估果蔬的质量。这种方法具有较高的可靠性和效率，可以广泛应用于农产品质量检测、食品加工等领域。然而，对于不同类型的果蔬和不同的缺陷类型，仍需根据实际需求选择合适的检测设备和算法，以确保实验的准确性和可靠性。

七、拓展实验

产品表面缺陷的判断是在工业生产过程中确保产品的质量和可靠性不可或缺的重要环节，而图像识别技术可以在工业场景中应用于产品表面缺陷的检测与判断。按照上述基础实验的具体内容与步骤讲解，我们可以尝试进行拓展实验：评估图像识别技术在工业环境中的可行性和有效性，例如判断齿轮缺齿问题。实验对具有不同缺齿程度的齿轮样本进行拍摄，这些样本可包括正常齿轮和具有不同缺齿情况的齿轮。实验中某一缺齿齿轮经过二值化处理后进行缺陷检测，最终显示齿轮表面缺陷检测的结果。此处不给出具体步骤与程序，感兴趣的读者可根据实际需要调整和改写程序语句，自行尝试。

实验 6　缺陷检测

八、实验报告

院系：		课程名称：		日期：	
姓名：		学号：		班级：	
实验名称			成绩		

一、实验概览

1. 实验目的（请用一句话概括）

2. 关键词（列出几个关键词）

二、实验原理

1. 硬件配置（计算机配置）

2. 软件环境

3. 环境设置（实验环境）

三、实验内容及步骤

（根据教材中的实验步骤，记录实际操作的过程）

四、实验结果与分析

1. 现象描述：

□识别窗口显示

□识别结果准确

□程序正常运行

□其他（请说明）：＿＿＿＿＿＿＿＿＿＿＿＿＿＿＿＿

2. 相关的屏幕截图或代码修改

3. 问题清单（列出实验过程中遇到的问题，已解决的写出解决办法）

4. 创新点（描述实验中尝试的创新做法或不同于常规的方法）

五、原理探究

1. 描述卡方的含义。

2. 描述直方图的含义。

六、思考与讨论

列举除了本实验外的表面缺陷检测方法及适用场合，并比较各自的优缺点。

实验 7

有无动态检测

有无动态检测是指确认数量或物料上的部件及加工等"有无"的检测，其用机器人代替人眼来做判断，包含了各种内容，如包装内说明书/附件的有无检测、食品标签的有无检测、印刷电路板上电子部件的有无检测、固定零件的螺钉及垫片的有无检测、黏合剂涂抹的有无检测、切削及钻孔加工的有无检测和纸箱内的瓶身数量计数等。随着工厂自动化的升级，有无动态检测等视觉系统技术正在不断被积极应用。

本实验采用工业视觉系统，通过编程再现 kon 控制实验平台的相机拍摄待测物体的图片，并将获取的图片进行颜色空间转换、阈值分割和轮廓筛选，最终将包装盒内果蔬数量的结果呈现在显示窗口上。

一、实验目的

（1）素养提升

① 能够通过本实验理解动态检测技术于实现机器人对周围环境感知和理解的重要性。

② 不断激发好奇心和求知欲，培养面对新知识和技能时开放和积极的态度。

（2）知识运用

① 能够辨识颜色空间的概念和原理。

② 能够阐明动态检测在实时处理与决策中的应用。

③ 能够熟练使用动态检测方法实现果蔬数量计数的基本步骤。

（3）能力训练

① 能够针对复杂的工程问题适时地调整动态检测方法。

② 能够理解机器视觉的基本原理，并能够将这些知识应用于实验设置中，调整参数优化算法，以实现准确的动态检测。

③ 锻炼问题解决能力，学习如何分析问题、定位问题并寻找解决方案。

机器视觉项目实战

二、实验原理

本实验涉及图像颜色空间知识可参见实验 5，图像灰度化、二值化等图像分割处理原理可参见实验 2，这里主要介绍三个函数：分别是对图像进行掩模的 cv.inRange、用来查找掩模中的轮廓的 cv.findContours 和获取轮廓边界框的位置坐标和大小的 cv.boundingRect。详细函数介绍见表 7-1。

表 7-1 主要函数介绍

名称	用途	参数	返回值
cv.inRange	根据上下界将图像转换为二进制掩模，该掩模将保留符合上下界范围内的颜色部分，其他部分设为 0	src：输入的图像（单通道或多通道），可以是灰度图像或彩色图像 lowerb：指定的下界，是包含低阈值的数组，用于筛选目标像素 upperb：指定的上界，是包含高阈值的数组，用于筛选目标像素	retvai：未被使用 mask：二进制掩模图像，与输入图像的大小相同，目标区域的像素值为 255（白色），非目标区域的像素值为 0（黑色）
cv.findContours	查找掩模中的轮廓。利用轮廓的面积，筛选出面积大于一定数值的轮廓	image：输入的二进制图像，通常为单通道的灰度图像 mode：轮廓检索模式，定义了轮廓的层级关系 method：轮廓逼近方法，定义了轮廓的近似方式 contours：输出参数，包含检测到的轮廓的点集列表 hierarchy：输出参数，包含轮廓的层级信息 offset：可选参数，轮廓坐标偏移	contours：检测到的轮廓的点集列表，每个轮廓是一个 Numpy 数组，其形状为（N, 1, 2），其中 N 是轮廓点的数量 hierarchy：轮廓的层级信息，可以用于构建轮廓的层级结构
cv.boundingRect	获取掩模面积的边界框的位置坐标和大小	contour：输入的轮廓，可以是由 cv.findContours 函数得到的轮廓点集	（x, y）：矩形的左上角顶点的坐标 w：矩形的宽度 h：矩形的高度

三、实验内容及流程

本实验为果蔬数量检测实验，主要运用有无动态检测技术。在提前准备好的打包盒中放入橘子，在实验过程中可随时调整打包盒中橘子的数量，实验目标是能够动态显示当前打包盒中橘子的数量。实验流程如图 7-1 所示。

四、实验仪器及材料

根据上述实验内容，本实验所用的主要实验设备与物料清单见表 7-2。

实验 7　有无动态检测

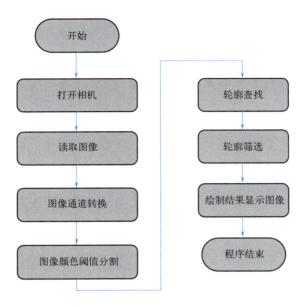

图 7-1　动态检测

表 7-2　实验仪器及材料

设备 / 物料	设备 / 物料示例	设备数量
视觉检测平台	QC-9KT	1 台
果蔬	橘子	若干
包装盒	3×3 包装盒	1 个

五、实验步骤

（1）获取相机图像

新建文件，输入获取和保存图像的程序，获取和保存的图像，具体程序及过程参见实验 1。

（2）图像分割

分割图像，可通过调整阈值参数获取最佳效果的分割图像如图 7-2 所示，从左到右（a）（b）（c）分别为 1 个、2 个和 3 个橘子的图像分割结果示意，分割图像便于后续实验计数，具体程序如下：

```
import cv2 as cv
import numpy as np
from jetcam.daheng_camera import DHCamera
camera = DHCamera(capture_device=1, gain=0.0, exposure_time=50000,
```

083

```
                    balance_white={'RED': 1.55, 'GREEN': 1.0, 'BLUE': 1.44})
while True:
    img = camera.read()
    if img is None:
        continue
    img = cv.cvtColor(img, cv.COLOR_RGB2BGR)
    hsv_image = cv.cvtColor(image, cv.COLOR_BGR2HSV)
    lower_ = np.array([6, 121, 204])
    up_ = np.array([180, 255, 255])
    mask = cv.inRange(hsv_image, lower_, up_)
cv.imshow("image1", img)
    key_num = cv.waitKey(20)
    if key_num == ord("q"):
        break
camera.release()
cv.destroyAllWindows()
```

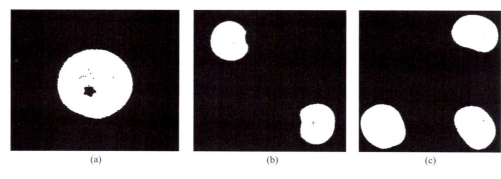

图 7-2 图像分割效果

（3）筛选轮廓计数

经过步骤（2）对获取的图像进行阈值分割，得到了图像中橘子的清晰轮廓，此步骤就是将符合要求的轮廓筛选出来，并计算有多少个符合要求的轮廓，即橘子的数量检测，结果示意如图 7-3 所示，从左到右（a）（b）（c）分别为 1 个、2 个和 3 个橘子时的计数结果，具体程序如下：

```
import cv2 as cv
import numpy as np
from jetcam.daheng_camera import DHCamera
camera = DHCamera(capture_device=1, gain=0.0, exposure_time=50000,
                    balance_white={'RED': 1.55, 'GREEN': 1.0, 'BLUE': 1.44})
while True:
    fruits_num = 0
    img = camera.read()
```

```
    if img is None:
        continue
    img = cv.cvtColor(img, cv.COLOR_RGB2BGR)
    hsv_image = cv.cvtColor(image, cv.COLOR_BGR2HSV)
    lower_ = np.array([6, 121, 204])
    up_ = np.array([180, 255, 255])
    mask = cv.inRange(hsv_image, lower_, up_)
    cnts = cv.findContours(mask, cv.RETR_EXTERNAL, cv.CHAIN_APPROX_NONE)
    for c in cnts[0]:
        area_img = abs(cv.contourArea(c, True))
        if area_img > 8000:
            fruits_num = fruits_num + 1
            x, y, w, h = cv.boundingRect(c)
            cv.rectangle(image, (x, y), (x+w, y+h), (0, 255, 0), 2)
        cv.putText(image, "fruits num"+str(fruits_num), (25, 55),
                   cv.FONT_HERSHEY_SIMPLEX, 0.5, (255, 0, 0), 2)
    key_num = cv.waitKey(20)
    if key_num == ord("q"):
        break
camera.release()
cv.destroyAllWindows()
```

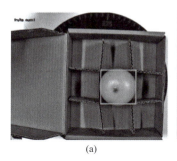
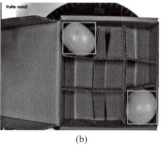
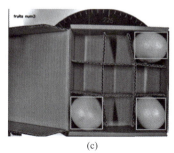

(a)　　　　　　　　　　(b)　　　　　　　　　　(c)

图 7-3　果蔬计数

六、实验小结

本实验讲解了有无动态检测的原理及基本实现步骤，通过本实验可实现场景中是否存在运动物体或动态变化等的判断。在实际应用中场景的动态变化往往更加复杂，需要更加快速准确的图像处理和模型训练方法，大家可以思考一下，如何提高复杂动态场景判断的准确性。

七、拓展实验

在工业生产中，准确计数生产过程中产生的零件数量对于产品质量和生产效率的控制有举足轻重的意义。传统的人工计数方法可能存在人为错误和低效率的问题。为了解决这些问题并提高计数的准确性和效率，图像识别技术被引入工业场景，用于对批量零件进行自动计数。

按照上述基础实验的具体内容与步骤讲解，我们可以尝试进行拓展实验：评估图像识别技术在工业环境中对批量零件计数的可行性和有效性。首先采集具有不同形状和颜色的零件样本，例如齿轮、螺母、电子元件等，将其放置在一个生产模拟装置中，如传送带或托盘。测试不同环境条件（例如光照、背景干扰等）对图像识别计数结果的影响，并对算法进行优化和改进。此处不给出具体步骤与程序，感兴趣的读者可根据实际需要调整和改写程序语句，自行尝试。

实验 7　有无动态检测

八、实验报告

院系：		课程名称：		日期：	
姓名：		学号：		班级：	
实验名称			成绩		

一、实验概览

1. 实验目的（请用一句话概括）

2. 关键词（列出几个关键词）

二、实验设备与环境

1. 硬件配置（计算机配置）

2. 软件环境

3. 环境设置（实验环境）

三、实验内容及步骤

（根据教材中的实验步骤，记录实际操作的过程）

四、实验现象与分析

1. 现象描述：

□计数结果正确

□窗口正常显示

□程序正常运行

□其他（请说明）：_____

2. 相关的屏幕截图或代码修改

087

3. 问题清单（列出实验过程中遇到的问题，已解决的写出解决办法）

4. 创新点（描述实验中尝试的创新做法或不同于常规的方法）

五、原理探究

1. 讲述实验中用到的几种主要函数及认识。

2. 简要讲述该实验是如何实现动态计数的。

六、思考与讨论

思考对于有无动态检测有何更加高级、准确、快速的方法，并举例说明（例：基于机器学习或深度学习的方法）。

实验 8

机器人自适应上下料

　　机器人自适应上下料是一种在制造业中广泛应用的技术，旨在提高生产线的灵活性和效率。在传统的生产线中，机器人是固定的，往往只能处理特定类型和尺寸的零部件，遇到变化的生产环境，需要频繁更换工作件，并且需要人工干预进行重配置，这极大地限制了生产线的灵活性和生产效率。机器人自适应上下料技术基于先进的感知和自主控制系统，使机器人能够根据工作环境的变化，实时调整其操作方式和工具，以适应不同类型、尺寸和形状的工作件，从而使机器人能够快速适应新的工作任务，而无需人工介入或重新编程。

　　本实验采用工业视觉系统与机械臂联调，通过实验平台编程进行相机标定使相机和机械臂配合，确定目标在相机中的位置和在机械臂坐标系中的位置，实现机械臂执行上下料程序抓取相机下符合质量标准的对象至指定位置。

一、实验目的

（1）素养提升

① 能够通过机器人自适应上下料实验过程，加深对机器人技术和自动化系统的认识和理解。

② 提升解决复杂问题的能力、有效沟通的技巧以及团队合作的精神。

（2）知识运用

① 能够深入理解机器人的工作原理和自适应控制的概念。

② 能够阐明机器人手眼标定的原理与意义。

③ 能够熟练使用机器人手眼标定方法，解决实际生产生活中的常见问题。

（3）能力训练

① 能够针对复杂的工程问题适时地选择合适的手眼标定方法进行标定。

② 能够在实验内容及步骤的指导下，独立完成操作，并能够进行实验调整与改进。

③ 理解并掌握机器人手眼标定的基本实验步骤，并能在多场景中应用。

二、实验原理

在本实验的工业视觉系统与机械臂装置中，一个物体与相机的相对位置关系和这个物体与机械臂之间的关系是不一样的，所以在相机确定了物体的位置之后，还要把此时的位置转换成相对于机械臂的位置，这样机械臂才能进行抓取。

这个问题可以用一个数学模型来表示：$AX=XB$，其中 A 代表手的位置和姿态，X 代表未知的变换矩阵，B 代表视觉系统的位置和姿态。手眼标定的目标是求解 X，从而确定手和眼之间的相对关系。

机器人手眼标定其实就是求解机器人坐标系和相机坐标系的转换关系。假设现在有机器人基坐标系 $\{B\}$ 和相机坐标系 $\{C\}$，相机坐标系到机器人基坐标系的转换矩阵为 $^{B}T_{C}$，已知空间中固定点 P 在这两个坐标系中的坐标为 ^{B}P 和 ^{C}P，那么根据坐标转换关系有：

$$^{B}P = {^{B}T_{C}}\, ^{C}P$$

其中，^{B}P 和 ^{C}P 为补 1 后的齐次坐标 $[x,y,z,1]'$，这样 $^{B}T_{C}$ 便可以同时包含旋转和平移变换。只要点 P 的个数大于求解的转换矩阵维度，同时这些点线性不相关，便可以通过伪逆矩阵计算 $^{B}T_{C}$。

$$^{B}T_{C} = {^{B}P}\,(^{C}P)^{-1}$$

由上述分析可知，只要能够同时测量出多组固定点 P 在两个坐标系的坐标 ^{B}P 和 ^{C}P 数据，就可以很方便地计算出坐标变换矩阵。

视觉机械臂的相机和机械臂有两种结合方式，一种是眼在手上（eye-in-hand），一种是眼在手外（eye-to-hand），所以手眼标定也分两种。本实验中的标定属于眼在手外。眼在手外标定是指相机（眼）被安装在机械臂（手）之外的一种标定方式。在这种配置下，机械臂和相机的坐标系分别独立存在，并且相对位置固定。通过眼在手外标定，可以确定机械臂和相机之间的位置和姿态关系，以便实现机械臂的精确控制和定位。

本实验中的眼在手外标定通常包括以下几个步骤：

① 确定标定板。首先需要确定一个具有已知形状和尺寸的标定板，如图 8-1 所示，通常是一个由棋盘格组成的平面板。

图 8-1 标定板

② 安装相机和机械臂。相机被安装在一个固定位置，不随机械臂的移动而改变。机械臂可以在相机的视野范围内进行移动。本实验所用的眼在手外的相机与机械臂如图 8-2 所示。

③ 采集图像和运动数据。通过控制机械臂在不同位置和姿态下移动，同时采集相机的图像数据和机械臂末端的位置数据。

④ 提取特征点。使用图像处理技术，从采集到的图像中提取出标定板上的特征点，如图8-3所示。

图 8-2　眼在手外的相机与机械臂

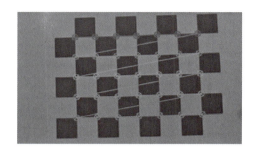

图 8-3　特征点提取

⑤ 匹配特征点。通过特征点的坐标信息，将图像中的特征点与机械臂末端的位置数据进行匹配。

⑥ 计算转换矩阵。基于匹配的特征点数据，使用标定算法计算出相机和机械臂之间的转换矩阵。

⑦ 评估标定结果。根据计算得到的转换矩阵，对标定结果进行评估和验证，可以使用一些误差指标来评估标定的精度和可靠性。

三、实验内容及流程

本实验内容为机器人自适应上下料，是一个视觉相机与机械臂协同工作的过程，第一步要进行手眼标定，第二步执行机械臂上下料的程序，具体实验流程如图8-4所示。

四、实验仪器及材料

根据上述实验内容，本实验所用的主要实验设备与物料清单见表8-1。

表 8-1　实验仪器及材料

设备/物料	设备/物料示例	设备数量
视觉检测平台	QC-9KT	1台
果蔬	橘子	若干
标定板	棋盘格	1块
机械臂	QC-9KT	1台

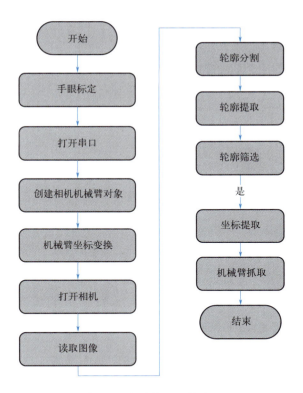

图 8-4 自适应上下料流程

五、实验步骤

（1）手眼标定

新建文件，输入手眼标定程序，可以通过调整滑动条来改变机器人的位置和夹爪角度，然后按下"r"键将调整后的参数发送给机械臂，控制移动机械臂到指定的位置，具体程序如下：

```
import cv2 as cv
import numpy as np
from jetcam.daheng_camera import DHCamera
import jetarm
import serial
import time
def nothing(x):
    pass
camera = DHCamera(capture_device=1, gain=0.0, exposure_time=50000,
                  balance_white={'RED': 1.55, 'GREEN': 1.0, 'BLUE': 1.44})
cv.namedWindow('Track', cv.WINDOW_KEEPRATIO)
# x，y 均以30为正负分界
```

```
cv.createTrackbar('x', 'Track', 4000, 6000, nothing)
cv.createTrackbar('y', 'Track', 4500, 6000, nothing)
cv.createTrackbar('z', 'Track', 8, 30, nothing)
cv.createTrackbar('tongs_angele', 'Track', 0, 360, nothing)
# 机械臂部分
# 打开串口
ser = serial.Serial(port="/dev/ttyTHS1", baudrate=115200, bytesize=8,
                                  parity='N', stopbits=1, xonxoff=0)
# 重置设置
jetarm.XRobotArm.reset_id(ser)
# ID设置
jetarm.XRobotArm.quick_set_id(ser, 4, jetarm.ArmVersion.ArmV1_Plus)
# 创建机械臂对象。tongs_H设置与抓取装置高度一致
arm = jetarm.XRobotArm(ser, 4, jetarm.ArmVersion.ArmV1_Plus)
arm_ctrl = jetarm.RobotArm3DoF(arm, tongs_H=9)
while True:
    img = camera.read()
    if img is None:
        continue
    img = cv.cvtColor(img, cv.COLOR_RGB2BGR)
    h, w = img.shape[:2]
    cv.circle(img, (int(w/2), int(h/2)), 5, (255, 0, 0), -1)
    cv.imshow("image1", img)
    x = cv.getTrackbarPos('x', 'Track')/100
    y = cv.getTrackbarPos('y', 'Track')/100
    z = cv.getTrackbarPos('z', 'Track')
    tongs_angele = cv.getTrackbarPos('tongs_angele', 'Track')
    key_num = cv.waitKey(20)
    if key_num == ord("q"):
        break
    elif key_num == ord("r"):
        arm_ctrl.move(x-30, y-30, z, tongs_angele)
        time.sleep(0.5)
camera.release()
cv.destroyAllWindows()
```

（2）获取相机图像

新建文件，输入程序获取相机图像，具体程序及过程参见实验1。

（3）创建机械臂对象

创建机械臂对象并初始化，具体程序如下：

机器视觉项目实战

```python
import cv2 as cv
import numpy as np
from jetcam.daheng_camera import DHCamera
import serial
import time
import jetarm
from jetarm.transform3d import *
ARM_ID = 4  # 机械臂ID号
# CENTER_POINT是一个三维空间中的点坐标，表示该点相对于某个参考系的位置。具体来说，该点
位于 x 轴上 17.5 的位置，y 轴上 1 的位置，以及 z 轴上 0 的位置。
CENTER_POINT = (17.5, 1, 0)
FLAG = True
ser = serial.Serial(port="/dev/ttyTHS1", baudrate=115200)
jetarm.XRobotArm.reset_id(ser)
jetarm.XRobotArm.quick_set_id(ser, 4, jetarm.ArmVersion.ArmV1_Plus)
time.sleep(1)
arm = jetarm.XRobotArm(ser, ARM_ID, jetarm.ArmVersion.ArmV1_Plus)
time.sleep(1)
# 坐标系控制，安装吸盘时需将tongs_H设置为9
arm_ctrl = jetarm.RobotArm3DoF(arm, tongs_H=9)
def TransformationImageCSYS():
    return np.dot(D(*CENTER_POINT), RZ(-math.pi))
# 重设坐标系
arm_ctrl.set_image_CSYS(TransformationImageCSYS())
image_shape = (808, 608)    # 图片的尺度
length_factor = 0.0217      # 转换到像素的系数
target_point = (15, -30)    # 拿取物料后的放置点
camera = DHCamera(capture_device=1, gain=0.0, exposure_time=50000,
                  balance_white={'RED': 1.55, 'GREEN': 1.0, 'BLUE': 1.44})
def nothing(x):
    pass
cv.namedWindow('Track', cv.WINDOW_KEEPRATIO)
cv.createTrackbar('H_Min', 'Track', 0, 180, nothing)
cv.createTrackbar('H_Max', 'Track', 180, 180, nothing)
cv.createTrackbar('S_Min', 'Track', 0, 255, nothing)
cv.createTrackbar('S_Max', 'Track', 255, 255, nothing)
cv.createTrackbar('V_Min', 'Track', 60, 255, nothing)
cv.createTrackbar('V_Max', 'Track', 255, 255, nothing)
cv.createTrackbar('area_min', 'Track', 15000, 80000, nothing)
cv.createTrackbar('area_max', 'Track', 45000, 80000, nothing)
while True:
    img = camera.read()
    if img is None:
```

実验 8　机器人自适应上下料

```
            continue
        img = cv.cvtColor(img, cv.COLOR_RGB2BGR)
        cv.imshow("image1", img)
        key_num = cv.waitKey(20)
        if key_num == ord("q"):
            break
camera.release()
cv.destroyAllWindows()
```

（4）获取轮廓

进行阈值分割，得到分割出的图像如图 8-5 所示，查找图像的轮廓，具体程序如下：

```
import cv2 as cv
import numpy as np
from jetcam.daheng_camera import DHCamera
import serial
import time
import jetarm
from jetarm.transform3d import *
ARM_ID = 4    # 机械臂ID号
CENTER_POINT = (17.5, 1, 0)
FLAG = True
ser = serial.Serial(port="/dev/ttyTHS1", baudrate=115200)
jetarm.XRobotArm.reset_id(ser)
jetarm.XRobotArm.quick_set_id(ser, 4, jetarm.ArmVersion.ArmV1_Plus)
time.sleep(1)
arm = jetarm.XRobotArm(ser, ARM_ID, jetarm.ArmVersion.ArmV1_Plus)
time.sleep(1)
# 坐标系控制，安装吸盘时需将tongs_H设置为9
arm_ctrl = jetarm.RobotArm3DoF(arm, tongs_H=9)
def TransformationImageCSYS():
    return np.dot(D(*CENTER_POINT), RZ(-math.pi))
# 重设坐标系
arm_ctrl.set_image_CSYS(TransformationImageCSYS())
image_shape = (808, 608)    # 图片的尺度
length_factor = 0.0217      # 转换到像素的系数
target_point = (15, -30)    # 拿取物料后的放置点
camera = DHCamera(capture_device=1, gain=0.0, exposure_time=50000,
                  balance_white={'RED': 1.55, 'GREEN': 1.0, 'BLUE': 1.44})
def nothing(x):
    pass
cv.namedWindow('Track', cv.WINDOW_KEEPRATIO)
cv.createTrackbar('H_Min', 'Track', 0, 180, nothing)
cv.createTrackbar('H_Max', 'Track', 180, 180, nothing)
```

095

机器视觉项目实战

```python
cv.createTrackbar('S_Min', 'Track', 0, 255, nothing)
cv.createTrackbar('S_Max', 'Track', 255, 255, nothing)
cv.createTrackbar('V_Min', 'Track', 60, 255, nothing)
cv.createTrackbar('V_Max', 'Track', 255, 255, nothing)
cv.createTrackbar('area_min', 'Track', 15000, 80000, nothing)
cv.createTrackbar('area_max', 'Track', 45000, 80000, nothing)
while True:
    img = camera.read()
    if img is None:
        continue
    img = cv.cvtColor(img, cv.COLOR_RGB2BGR)
    img_hsv = cv.cvtColor(img, cv.COLOR_BGR2HSV)
    H_Min = cv.getTrackbarPos('H_Min', 'Track')
    S_Min = cv.getTrackbarPos('S_Min', 'Track')
    V_Min = cv.getTrackbarPos('V_Min', 'Track')
    H_Max = cv.getTrackbarPos('H_Max', 'Track')
    S_Max = cv.getTrackbarPos('S_Max', 'Track')
    V_Max = cv.getTrackbarPos('V_Max', 'Track')
    hsv_lower = np.array([H_Min, S_Min, V_Min])
    hsv_upper = np.array([H_Max, S_Max, V_Max])
    area_min_Thresh = cv.getTrackbarPos('area_min', 'Track')
    area_max_Thresh = cv.getTrackbarPos('area_max', 'Track')
    img_mask = cv.inRange(img_hsv, hsv_lower, hsv_upper)
cnts = cv.findContours(img_mask, cv.RETR_EXTERNAL,
            cv.CHAIN_APPROX_SIMPLE)
    area_max_Thresh = cv.getTrackbarPos('area_max', 'Track')
    g_x = 0
    g_y = 0
    arm_run = False
    max_area = 0
    cnt = None
    for c in cnts[0]:
        area = cv.contourArea(c)
        if area < 10000: # 筛掉太小的轮廓
            continue
        if area > max_area:
            cnt = c
            max_area = area
    cv.imshow("image1", img)
    key_num = cv.waitKey(20)
    if key_num == ord("q"):
        break
camera.release()
cv.destroyAllWindows()
```

096

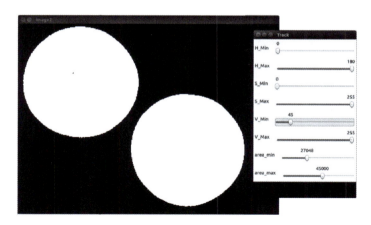

图 8-5　图像分割

（5）机械臂抓取

计算筛选出的轮廓位置，控制机械臂前往抓取，具体程序如下：

```python
import cv2 as cv
import numpy as np
from jetcam.daheng_camera import DHCamera
camera = DHCamera(capture_device=1, gain=0.0, exposure_time=50000,
                 balance_white={'RED': 1.55, 'GREEN': 1.0, 'BLUE': 1.44})
# 设置两个颜色区间
yellow_threshold = [180, 255, 255, 6, 121, 204]
green_threshold = [106, 228, 221, 30, 30, 51]
threshold_list = [yellow_threshold, green_threshold]
# 设置两个包围框的颜色(黄绿)
color = [(0, 255, 255), (0, 255, 0)]
while True:
    img = camera.read()
    if img is None:
        continue
    img = cv.cvtColor(img, cv.COLOR_RGB2BGR)
    hsv_image = cv.cvtColor(img, cv.COLOR_BGR2HSV)
    # 遍历黄绿两个阈值
    for i in range(2):
        up_ = np.array(threshold_list[i][:3])
        lower_ = np.array(threshold_list[i][-3:])
        # 阈值分割
        mask = cv.inRange(hsv_image, lower_, up_)
# 轮廓查找
        cnts=cv.findContours(mask, cv.RETR_EXTERNAL, cv.CHAIN_APPROX_NONE)
        # 遍历轮廓
        for c in cnts[0]:
```

机器视觉项目实战

```
                # 轮廓面积计算(像素)
                area_img = abs(cv.contourArea(c, True))
                # 过滤小轮廓
                if area_img > 8000:
                    # 绘制包围矩形
                    x, y, w, h = cv.boundingRect(c)
                    cv.rectangle(img, (x, y), (x+w, y+h), color[i], 2)
        cv.imshow("image1", img)
        key_num = cv.waitKey(20)
        if key_num == ord("q"):
            break
camera.release()
cv.destroyAllWindows()
```

六、实验小结

本实验学习机器人自适应上下料的基本原理与实现步骤，其中手眼标定是必不可少的一个重点环节，通过确定手眼相对位置和姿态的关系，机器人能够实现高精度的目标抓取、装配、定位等操作。需要注意的是，手眼标定有眼在手外和眼在手上两种类型，因此在实际应用中需要进行针对性的研究和调整。

七、拓展实验

在工业生产线上，自适应上下料技术通过结合相机和机械臂，实现对产品的自动识别和精确处理。该技术允许机械臂根据相机捕获的图像信息，自动适应不同尺寸、形状和位置的产品，实现高效、准确的上下料操作。

按照上述基础实验的具体内容与步骤讲解，我们可以尝试进行拓展实验：评估相机和机械臂联合应用在自适应上下料中的效果和可行性。首先，安装相机设备以捕获产品的图像，相机将定期拍摄并传送产品的图像信息给处理系统。使用图像识别和分析算法，对产品进行识别、尺寸测量和定位判断。基于相机捕获的图像信息，系统将提供指导信号给机械臂，以实现自适应的上下料操作。机械臂根据指导信号进行精确的产品抓取和放置，确保正确的位置和姿态。这种自适应上下料技术可以应对不同产品类型和尺寸的变化，实现高效灵活的生产线操作。此处不给出具体步骤与程序，感兴趣的读者可根据实际需要调整和改写程序语句，自行尝试。

实验 8 机器人自适应上下料

八、实验报告

院系：		课程名称：		日期：	
姓名：		学号：		班级：	
实验名称			成绩		

一、实验概述

1. 实验目的（请用一句话概括）

2. 关键词（列出几个关键词）

二、实验设备与环境

1. 硬件配置（计算机配置）

2. 软件环境

3. 环境设置（实验环境）

三、实验内容及步骤

（根据教材中的实验步骤，记录实际操作的过程）

四、实验现象与分析

1. 现象描述：

□机械臂运动正常

□手爪／吸盘正常

□程序运行正常

□其他（请说明）：_____

2. 相关的屏幕截图或代码修改

099

3.问题清单（列出实验过程中遇到的问题，已解决的写出解决办法）

4.创新点（描述实验中尝试的创新做法或不同于常规的方法）

五、原理探究

1.描述手眼标定的意义。

2.描述手眼标定是如何实现的。

六、思考与讨论

思考如何实现眼在手上的标定，并讨论眼在手上和眼在手外二者的不同之处。

实验 9

机器视觉综合实验

在机器视觉实际应用场景中，往往涉及视觉系统的综合配置，而不是单一地使用摄像头进行识别或者机械臂进行简单的抓取工作，如机械臂和视觉系统的结合，实现自动识别和抓取指定的物料，并将其放置到指定的位置或容器内。果蔬销售打包流程就是对机器视觉综合系统的应用，其目标是通过视觉技术实现将相关产品按照一定规格、数量和包装要求进行打包。

本实验采用工业视觉系统，通过编程再现的方法，联合机械臂、转盘、传送带等，完成果蔬在待检区检测质量后进行搬运，然后打包的整个流程。

一、实验目的

（1）素养提升

① 通过调试系统、处理图像数据和分析实验结果等过程，培养解决问题的能力和创新思维。

② 学会有效地协作、沟通和分工合作，共同完成实验目标。

（2）知识运用

① 学习使用图像处理库（如 OpenCV）进行图像的预处理、分割、特征提取和轮廓分析等操作。

② 学会实验设计和控制技巧，以保证数据的科学性和有效性。

③ 学习通过编程或控制软件来实现机械臂的精确运动和抓取操作。

（3）能力训练

① 学习使用摄像头、视觉导引技术和机械臂进行果蔬检测和搬运。

② 能够在实验内容及步骤的指导下，独立完成操作，并能够进行实验调整与改进。

③ 掌握摄像头和机械臂的操作和应用方法，培养对现代智能技术的理解和运用能力。

二、实验原理

本实验总的来说包含两个部分的内容：相机工作部分和运动装置工作部分。其中运动装置包含转盘、传送带和机械臂三个模块。

基本原理与过程如下：

首先是相机获取图像和处理图像，相机对图像的处理原理如前所述。然后就是相机获取图像信息，比如该水果的成熟度、大小等是否符合要求，判断完所有条件后，获取水果的位置信息，将该位置信息发送给机械臂。

机械臂和相机进行联调时，注意首先需要将相机和机械臂进行标定，只有经过标定，机械臂才能在接收到相机传送来位置信息后准确无误地到达该物料的所在位置，否则，机械臂和相机未统一坐标系，机械臂无法到达准确位置。

对于运动装置部分，需要明确转盘、传送带和机械臂各模块使用的串口。由于每次实验时物料摆放的间隔不一定相同，因此需要经过调试获取合适的转盘转动角度，避免转盘每次转动过大或过小的角度，导致机械臂对某些位置点不可达。传送带可根据实验节奏需要自行调整运动速度，传送带上装有红外传感器，传感器的信号传输与传送带的启停有着极大的关联，此处尤其需要注意。若传送带上无物料时，可以调整传送带为停止状态，当传感器检测到有物料出现时，传送带开始运动，从而避免无用的运动消耗。

机械臂除了需要和摄像头紧密地配合，还需要和转盘与传送带紧密配合。实验过程中需避免发生转盘或者传送带在机械臂未离开其表面就发生转动的情况，例如机械臂在从转盘上抓取橘子时，机械臂还未打开吸盘抓取橘子并远离放置点，转盘就开始运动，这样会导致机械臂和转盘之间发生碰撞。机械臂和转盘的配合还体现在转盘转动角度和机械臂拿取物料的位置，此处若经过一定的技巧可使转盘每次转动相同角度的情况下物料都能到达指定位置，则机械臂每次拿取物料的动作也可以保持一致，这样可以大大减少编写程序等工作量。

三、实验内容及流程

本实验模拟果蔬生产销售的真实场景，传送带组一头的机械臂 2 负责拿取打包盒并将其放置到视觉系统 2 下，视觉系统 2 识别打包盒上的二维码获取订单信息，例如需要几个、多大的果蔬，视觉系统 2 将获取的二维码订单信息传送给视觉系统 1，作为判断果蔬大小是否符合要求的标准。二维码识别完成后，机械臂 2 将打包盒的盖子取走放置指定位置，等待传送带 1 送来果蔬。

将果蔬放置指定区域等待检测，传送带组另一头的机械臂 1 前往待检测区域拿取果蔬将其放置在视觉系统 1 下检测果蔬大小、成熟度及是否存在缺陷，待检测完成再由机械臂 1 将符合要求的果蔬放置到传送带 1 上送至下一步进行打包，若检测结果为不合格则由此机械臂将其丢置果蔬废弃区。

待传送带 1 将合格果蔬送到位后，机械臂 2 拿取果蔬将其放置到打包盒内，视觉系统 2 检测打包盒内是否装满足够数量的果蔬，若数量满足由机械臂 2 将打包盒的盖子盖好，再将打包盒放置到传送带 2 上，运至靠近成品区的位置，机械臂 1 将其放置成品区，至此果蔬打包流程完成。具体的实验流程如图 9-1 所示。

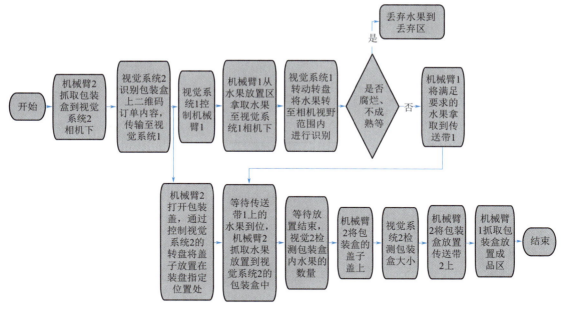

图 9-1　实验流程

四、实验仪器及材料

根据上述实验内容，本实验所用的主要实验设备与物料清单见表 9-1。

表 9-1　实验仪器及材料

设备/物料	设备/物料示例	设备数量
视觉检测平台	QC-9KT	2 台
果蔬	橘子	若干
机械臂	QC-9KT 视觉检测平台周边配套设备	2 台
传送带	QC-9KT 视觉检测平台周边配套设备	2 台
其他	果蔬、包装盒及成品放置货架	4 架

五、实验步骤

（1）搭建实验场景

根据实验仪器及材料的介绍，本实验需要 2 台视觉系统，2 台机械臂，2 台传送带和果蔬、包装盒及成品放置货架 4 架，将以上设备及材料按照实验内容及流程描述布局。具体布局见图 9-2。

（2）连接实验设备

设备连接是在场景布局之后的关键步骤，它涉及将各种设备与相关的系统或者网络连接起来，以便能够有效地进行数据传输、控制和交互。在本任务中，实验设备连接的主要目的是确保这些设备能够正常运行，并能够与其他各部分进行有效通信，如图9-3所示。

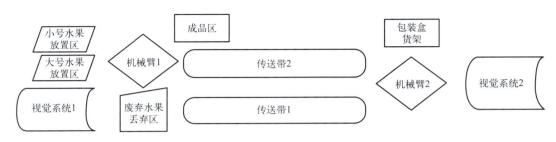

图 9-2　实验场景布局

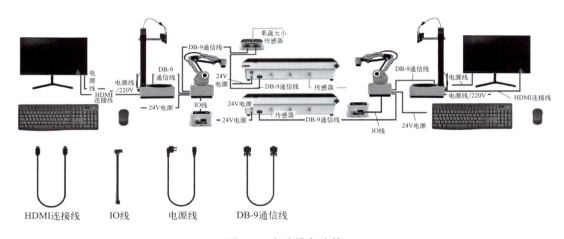

图 9-3　实验设备连接

（3）创建实验程序

实验程序创建步骤见实验1，在视觉系统1及视觉系统2的主机中分别新建程序，在新建程序中分别编写程序。

主机1的程序流程如图9-4所示，具体程序可扫右侧二维码获取。

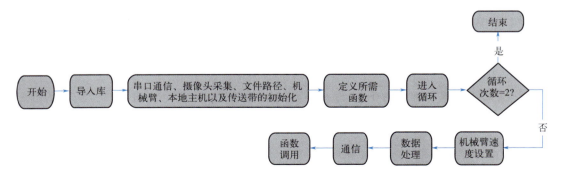

图 9-4　主机1程序流程

主机 2 的程序流程如图 9-5 所示，具体程序可扫右侧二维码获取。

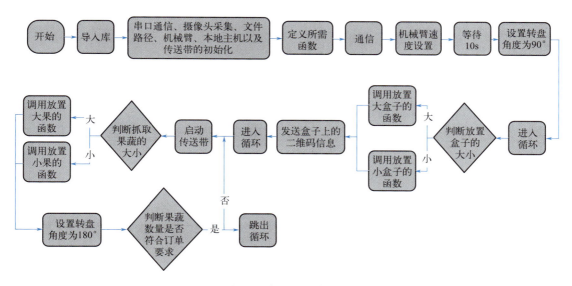

图 9-5　主机 2 程序流程

（4）实验调试

首先运行程序，对程序进行检查、优化和错误修复，运行完整无误后，再调整机械臂、转盘、传送带以及各货架之间的距离，避免出现位置不可达的情况。经过调试修改程序中转盘转动角度、机械臂运动方程和传送带运动速度等，让运动装置的运动更加符合场景。此步骤需要根据实际实验场地大小、布局等条件进行调试。

（5）实验再现

将调试完毕的程序和设备按照理想的流程运行，若实验再现的过程出现问题需要考虑并判断是否再次进行实验场景布局调试或者修改实验程序。

六、实验小结

本实验通过果蔬销售打包流程任务实现，深入讲解机器视觉综合系统的应用，帮助读者在果蔬检测、搬运以及打包等过程中，加深对图像处理、目标识别和机械臂操作等的理解，积累实践经验，为今后机器视觉综合应用打下坚实的基础。

実験9　机器视觉综合实验

七、实验报告

院系：		课程名称：		日期：	
姓名：		学号：		班级：	
实验名称			成绩		

一、实验概述

　1. 实验目的（请用一句话概括）

　2. 关键词（列出几个关键词）

二、实验设备与环境

　1. 硬件配置（计算机配置）

　2. 软件环境

　3. 环境设置（实验环境）

三、实验内容及步骤

（根据教材中的实验步骤，记录实际操作的过程）

四、实验现象与分析

　1. 现象描述：

□机械臂 1 运动正常

□机械臂 2 运动正常

□程序运行正常

□其他（请说明）：＿＿＿＿＿＿＿＿＿＿＿＿＿＿＿＿＿

　2. 相关的屏幕截图或代码修改

3. 问题清单（列出实验过程中遇到的问题，已解决的写出解决办法）

4. 创新点（描述实验中尝试的创新做法或不同于常规的方法）

五、原理探究

1. 描述本实验是如何实现机械臂与视觉的联调。

2. 描述本综合实验的意义。

六、思考与讨论

思考本实验场景还适用于哪些场景，讨论不同场景应用之间的差异与相同点。